MENTOR LERN-HILFE

Band 625

# Mathematik

## 7./8. Klasse

### Geometrie 1

Spiegelung, Drehung, Verschiebung, Vektoren

*Mit Musteraufgaben und Zeichnungsvorlagen sowie ausführlichem Lösungsteil zum Heraustrennen*

Mit Lerntipps!

Rolf Baumann

Mentor Verlag München

## *Über den Autor:*

Rolf Baumann, Dozent und Lehrgangsleiter für Mathematik und Physik an der Volkshochschule

## *Lerntipps:*

Alexander Geist, staatlicher Schulpsychologe an einem Gymnasium

*Redaktion:* Dr. Hans-Peter Waschi

*Illustrationen:* Henning Schöttke, Kiel

*Layout:* Barbara Slowik, München

*Titelgestaltung:* Iris Steiner, München

Umwelthinweis: Gedruckt auf chlorfrei gebleichtem Papier.

| **Auflage:** | 5. | 4. | 3. | 2. | 1. | letzte Zahlen |
|---|---|---|---|---|---|---|
| **Jahr:** | 2001 | 2000 | 1999 | 98 | 97 | maßgeblich |



Druck: Landesverlag Druckservice, Linz
Printed in Austria · ISBN 3-580-63625-1

Inhalt

## Benutzerhinweise

Die Rechtschreibung in diesem Band entspricht den Regelungen der Reform.

In der Randspalte findest du einige Zeichnungen immer wieder:

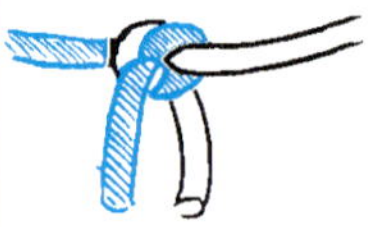

**Definition** legt fest, was ein Begriff bedeutet.

**Merke** – klar: Das musst du dir merken!

**Regel** bringt eine mathematische Gesetzmäßigkeit zum Ausdruck.

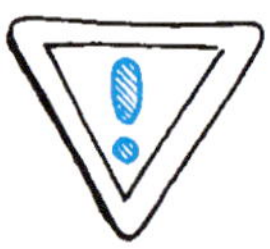

**Achtung!** Pass auf, dass du hier keine Fehler machst!

# Vorwort

*Hallo, liebe Schülerin, lieber Schüler,*

Da du vielleicht noch nicht mit den Algebra-Bänden ML 620/621 gearbeitet hast, wiederhole ich hier einige Tipps:

Dieses Buch soll nicht dein Schulbuch oder den Unterricht ersetzen. Es ist vielmehr als Hilfe gedacht, wenn du deine Wissenslücken auffüllen willst. Vorsichtshalber setze ich dein Interesse an der Mathematik als gering voraus und stelle mich darauf ein, dass die Antriebskraft fürs Weiterlernen und -lesen meist schlechte Noten sind. Um zu verhindern, dass du über dem Buch vor Langeweile einschläfst, habe ich mir folgende Gedanken gemacht:

- Lernen (von Dingen, die mich nicht interessiert haben) hat bei mir nur dann funktioniert, wenn ich den Stoff „in die Hand nehmen konnte", wenn ich selber damit etwas tun konnte.
- Deshalb findest du in den Hinführungen zu den Regeln viele „unvollständige" Zeichnungen bzw. Konstruktionen, die du ergänzen sollst.
- Und aus demselben Grund tauchen in diesem Buch ständig ........................ Lücken auf, in die du die fehlenden Wörter der Lösungen einsetzen sollst.
- Daneben triffst du beim Lesen häufig auf Gegensatzpaare (zum Beispiel *innerhalb / außerhalb*), die schräg (*kursiv*) gedruckt sind. Du sollst dich entscheiden und eines der Wörter durchstreichen.

Damit wollte ich zwei Ziele erreichen:

➡ Du kannst die Seiten nicht einfach durchlesen, sondern musst ständig kontrollieren, ob du verstehst, wovon die „Rede" ist.

➡ Gleichzeitig hoffe ich, dass du durch die kleinen Erfolge angeregt wirst weiterzumachen.

Damit dir das Zeichnen leichter fällt, findest du bei einigen Aufgaben in einem getrennten „Zeichnungsteil" Vorlagen, die du heraustrennen und dann bearbeiten kannst. Du brauchst also nicht mit dem Zirkel im Buch herumzupieksen!

Im Lösungsteil findest du die vervollständigten Zeichnungen bzw. Konstruktionen (zum Teil verkleinert) und alle „Lücken- und Streichwörter". Zu vielen Aufgaben ist nicht nur das Ergebnis, sondern auch der Lösungsweg angegeben.

Entscheide, zeichne und rechne *immer* zuerst selbst, bevor du im Lösungsteil nachschaust. Ergänze, streiche und zeichne in Zweifelsfällen mit Bleistift – dann kannst du korrigieren!

*Du lernst viel* durch eine selbstständige Korrektur! –
*Du lernst wenig*, wenn du nur den Lösungsteil in dieses Buch überträgst!

Da ich nicht weiß, ob du das Buch durcharbeiten willst, habe ich ein ausführliches Stichwortverzeichnis zusammengestellt. Dort kannst du die Stoffgebiete heraussuchen, die dir Schwierigkeiten machen. Es kann sein, dass einige Stichwörter, die meistens erst in höheren Klassen behandelt werden (Kreiszahl π, Einschreibungsaufgaben, …), bei dir schon in der 7./8. Klasse behandelt werden. In deiner Buchhandlung findest du dann sicher den entsprechenden Nachfolgeband der Mentor-Lernhilfen.

*Nun bleibt mir nur noch, dir viel Erfolg zu wünschen!*

Rolf Baumann

Übrigens …
Ab Seite 99 findest du einige Seiten mit Tipps und Tricks zum Lernen. Schau doch mal rein!

A

# Zeichengeräte und Grundbegriffe

In diesem Band 1 der Geometrie für die 7. und 8. Klasse findest du die so genannte **ebene Geometrie**. Wir werden uns nur mit Figuren beschäftigen, die in der Zeichenebene liegen (Geraden, Kreise, Dreiecke, Vierecke usw.). Erst in den folgenden Bänden findest du auch räumliche Probleme – dort geht es dann um Körper (Würfel, Pyramiden usw.).

Zuerst stelle ich dir die Zeichengeräte vor und zeige dir die wichtigsten Anwendungsmöglichkeiten. Anschließend werden die Grundbegriffe der Geometrie zusammengefasst.

## 1. Einfache Zeichengeräte und Schreibweisen in der Geometrie

Wenn es in einer Aufgabe heißt: *Konstruiere* ein Dreieck mit ...,
so darfst du beim Lösen der Aufgabe nur den **Bleistift**, das **Lineal** und den **Zirkel** verwenden.

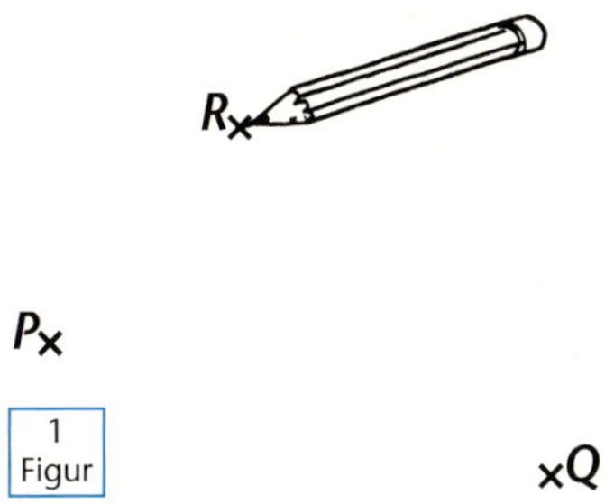


1 Figur

Mit dem Bleistift allein kannst du **Punkte** markieren: entweder mit einem kleinen Kreuz oder mit einem senkrechten Strich auf einer Geraden. Der Punkt selbst hat keine Ausdehnung – die Markierung legt nur die Lage des Punktes fest.
Punkte werden immer mit großen Druckbuchstaben bezeichnet.

Mit Bleistift und Lineal kannst du **gerade Linien** zeichnen, indem du zwei Punkte miteinander verbindest.

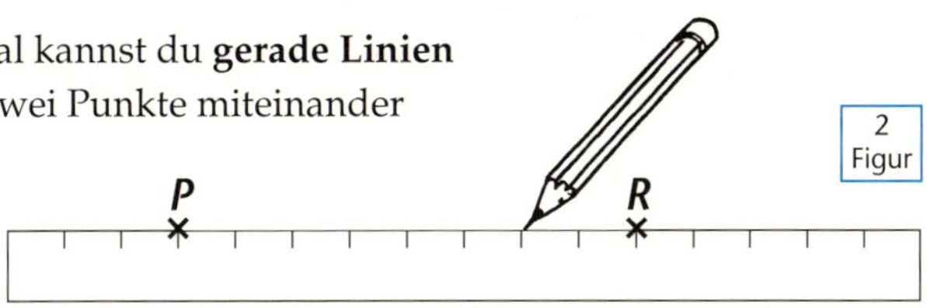


2 Figur

Die Menge aller Punkte, die auf der geraden Verbindung zwischen *P* und *Q* liegen, heißt **Strecke** *PQ*.
Als abkürzende Schreibweise verwendet man [*PQ*].

3 Figur

➡ Falls du die beiden Endpunkte *P* und *Q* nicht mit zur Punktmenge nehmen willst, schreibst du ]*PQ*[.

➡ Falls du die **Länge** der Strecke *PQ* meinst, schreibst du kurz $\overline{PQ}$.

Mit der Zentimeter- und Millimetereinteilung auf dem Lineal kannst du die Länge einer Strecke abmessen:

4 Figur

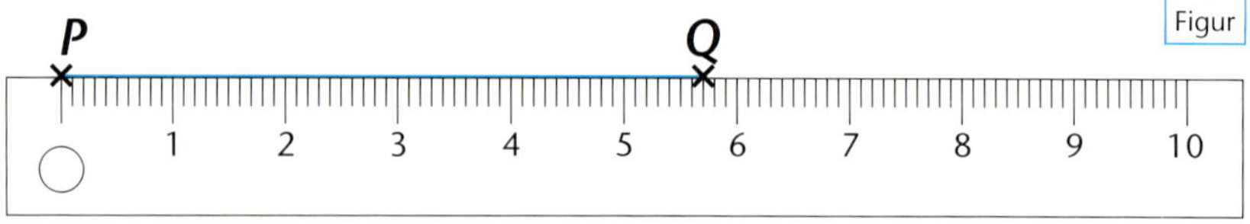


## Aufgabe A 1

Miss ab und ergänze:

5 Figur

$\overline{PQ}$ = .............. cm

Falls du die Strecke über einen Endpunkt hinaus bis ins „Unendliche" verlängerst, so entsteht die **Halbgerade** [*PQ*.
Dabei bedeutet die eckige Klammer links, dass der Strahl genau bei *P* beginnt und über *Q* hinaus verlängert ist.

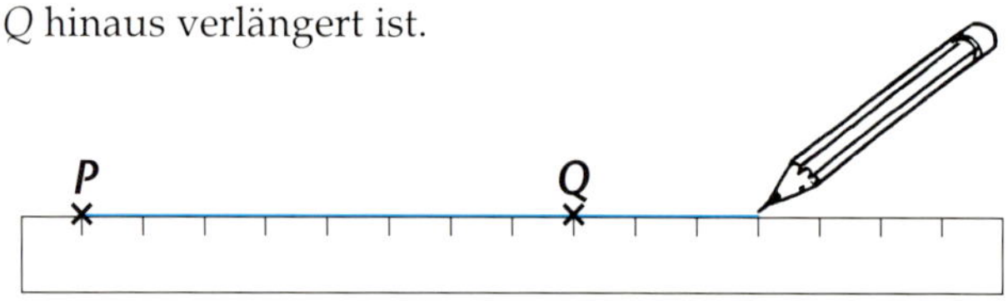


6 Figur

## Aufgabe A 2

Zeichne die Halbgerade *AB*]

7 Figur

Falls du die Strecke über beide Endpunkte hinaus bis ins Unendliche verlängerst, erhältst du die **Gerade** *PQ*.

8 Figur

Geraden werden entweder mit kleinen lateinischen Buchstaben bezeichnet oder durch zwei Punkte, die auf ihr liegen: *a*; *b*; *g*; …
*PQ*; *AB*; …

Achte im Folgenden immer auf die Unterscheidung dieser Bezeichnungen:

$PQ$ bezeichnet die Gerade, die durch die beiden Punkte $P$ und $Q$ hindurchgeht.
$[PQ]$ bezeichnet die Strecke mit den beiden dazugehörenden Endpunkten $P$ und $Q$.
$\overline{PQ}$ bezeichnet die Länge der Strecke $[PQ]$.

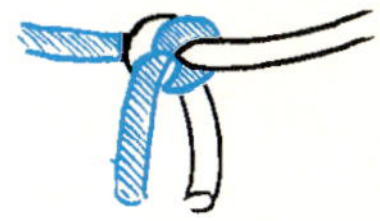

Mit dem **Zirkel** kannst du **Kreise** zeichnen.

Der Punkt, in den du mit dem Zirkel einstichst, heißt **Mittelpunkt** des Kreises.

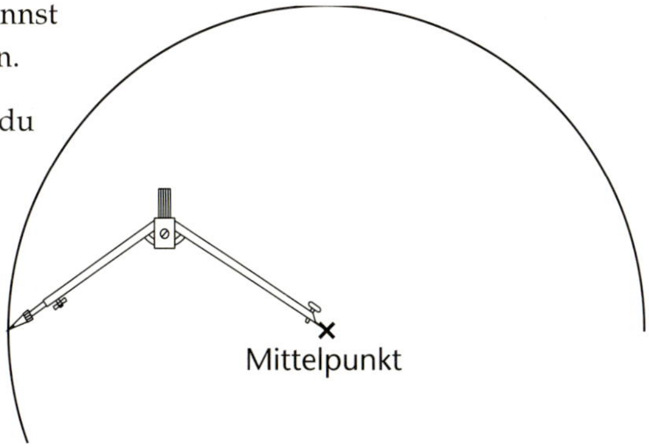


9
Figur

Alle Punkte auf der Kreislinie haben eine gemeinsame Eigenschaft:
Sie liegen alle ........................................ entfernt vom Mittelpunkt.

Die Länge der Strecke vom Mittelpunkt zu den Punkten der Kreislinie heißt **Radius**.

Wir schreiben für die Menge der Punkte, die auf der Kreislinie liegen, kurz: $k\,(M; r)$

Lies: Kreis um den Mittelpunkt $M$ mit dem Radius $r$.

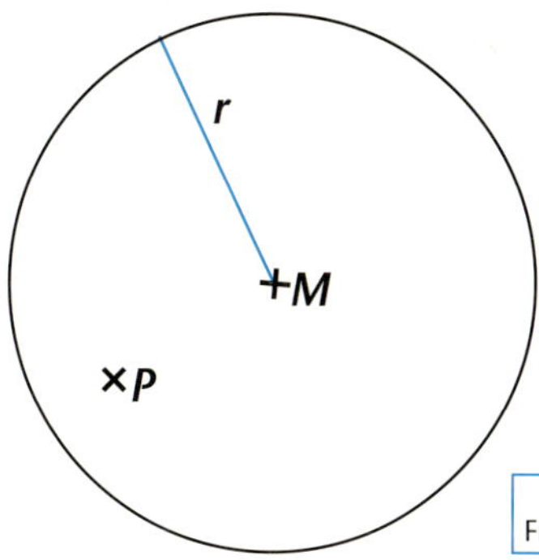


10
Figur

Die Punkte auf der Kreislinie bilden zusammen mit den Punkten innerhalb der Kreisline die **Kreisfläche**.

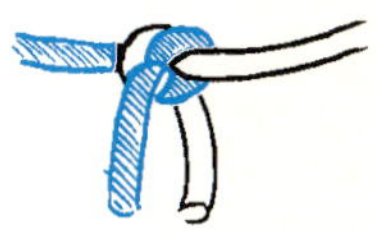

Für alle Punkte innerhalb des Kreises gilt:

$\overline{PM} < r$ / $\overline{PM} > r$ (Überlege und streiche.)

Jede Strecke, die durch den Kreismittelpunkt geht und deren Endpunkte auf der Kreislinie liegen, heißt **Durchmesser** des Kreises.

**Aufgaben**

**A 3** Zeichne $k$ ($M$; $r = 3$ cm).

11 Figur

**A 4** Zeichne drei beliebige Durchmesser in den obigen Kreis ein.

Für die Durchmesser eines Kreises gilt:

- Alle Durchmesser eines Kreises sind .................... lang.
- Der Durchmesser eines Kreises ist genau .......................... so lang wie der Radius dieses Kreises. ($d = 2r$)

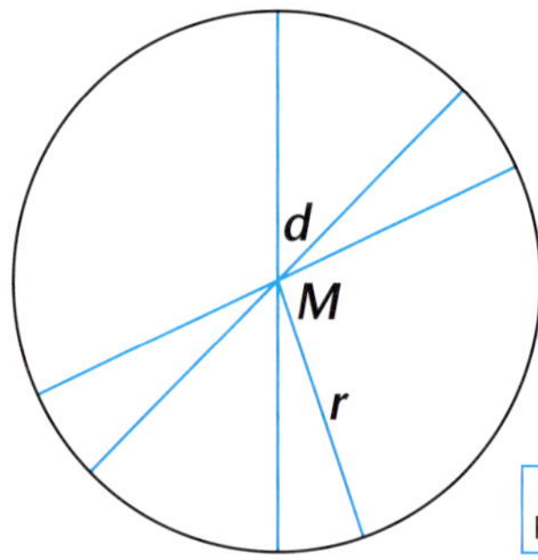


12 Figur

Mit dem Zirkel kannst du darüber hinaus auch **Strecken übertragen**.

**Beispiel** Dir seien eine Strecke [$AB$] und eine Halbgerade [$PQ$ vorgegeben. Auf dieser Halbgeraden sollst du den Punkt $R$ finden, sodass gilt: $\overline{PR} = \overline{AB}$

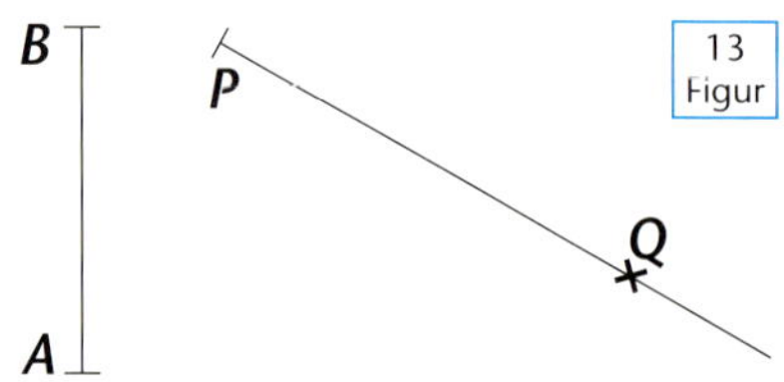


13 Figur

Mit dem Zirkel kannst du die Strecke abgreifen:

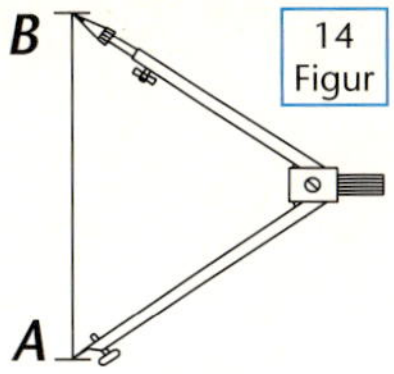


14 Figur

Ohne den Zirkel zu verstellen stichst du anschließend in $P$ ein und zeichnest einen Teil des Kreises, sodass dieser die Halbgerade $[PQ$ schneidet.
Der Schnittpunkt ist der gesuchte Punkt $R$.

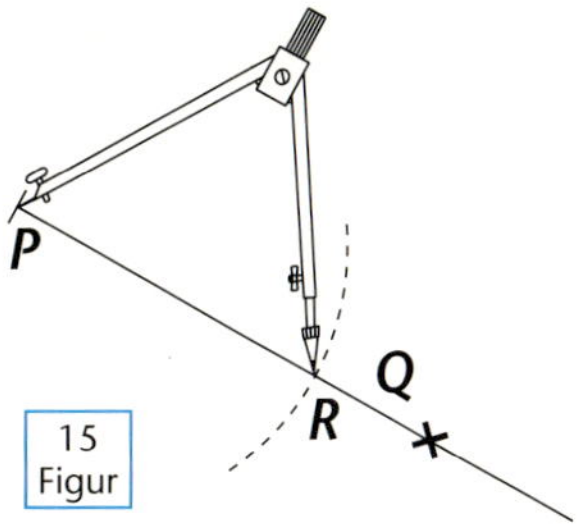


15 Figur

Konstruiere im Zeichnungsteil den Punkt $C$ auf $[AB$ so, dass gilt: $\overline{AC} = \overline{DE}$

**Aufgabe A5**

## 2. Das Koordinatensystem

Um die gegenseitige Lage von Punkten angeben zu können, hast du sicher schon das **Koordinatensystem** kennen gelernt:

Mithilfe von zwei Zahlen (Koordinaten) lässt sich ein Punkt der Ebene durch ein Achsenkreuz eindeutig festlegen. Die beiden Koordinatenachsen sind Halbgeraden, die senkrecht aufeinander stehen und eine regelmäßige Teilung oder Skalierung tragen.

Die beiden Zahlen werden in einer Klammer zusammengefasst, die hinter dem Namen des Punktes steht. Dabei ist vereinbart, dass in der Klammer *zuerst* der **Rechtswert** und *dann* der **Hochwert** steht.

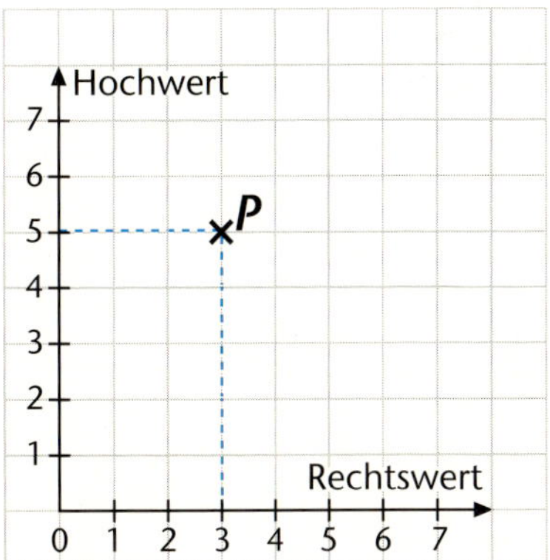


Der Punkt $P$ hat die Koordinaten 3 und 5.
Man schreibt: $P\,(3\,|\,5)$.
↑ Rechtswert ↑ Hochwert

17 Figur

## Aufgaben

**A 6** Verwende im Zeichnungsteil das Koordinatensystem von Figur 18.

Markiere die Punkte: a) $A\ (2|1)$ b) $B\ (3|6)$

**A 7** Zeichne die Strecke $[CD]$ mit $C\ (1|2)$ und $D\ (5|5)$.

**A 8** Zeichne die Gerade $EF$ mit $E\ (2|5)$ und $F\ (9|2)$.

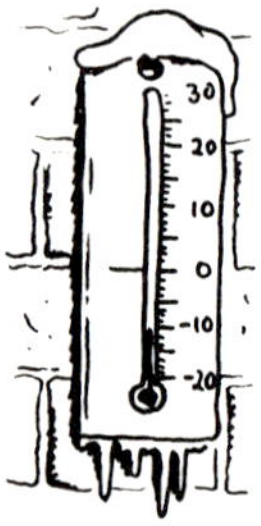


Falls das Koordinatensystem nicht aus Halbgeraden, sondern aus Geraden gebildet wird, gibt es auch **Linkswerte** und **Tiefwerte**, die jeweils auf der anderen Seite des Ursprungs liegen. Auch jenseits des Ursprungs haben die Achsen des Koordinatensystems eine Teilung, aber zur Unterscheidung von Rechtswert- und Hochwertachse sind die Zahlenwerte negativ.

Man kennzeichnet Linkswerte und Tiefwerte mit einem davor gestellten Minuszeichen, ähnlich wie beim Thermometer.

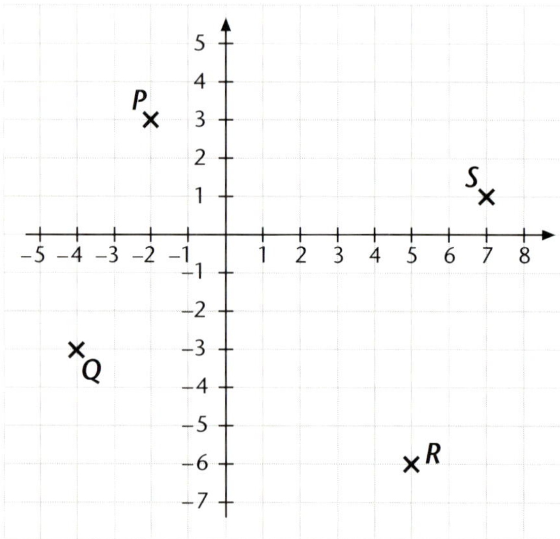


Schau dir die Figur 19 an und ergänze:

$S\ (7\ |\ 1)$
Rechtswert Hochwert

$Q\ (-4\ |\ -3)$
Linkswert Tiefwert

$R$ (........ | ........)
Rechtswert Tiefwert

$P$ (........ | ........)
Linkswert Hochwert

19 Figur

Wenn die Koordinaten eines Punktes angegeben werden, so steht an erster Stelle die Koordinate in horizontaler Richtung und an zweiter Stelle die Koordinate in vertikaler Richtung.

## Aufgabe

**A 9** Überlege und streiche:

a) Rechtswert ist *positiv / negativ*.
b) Hochwert ist *positiv / negativ*.
c) Linkswert ist *positiv / negativ*.
d) Tiefwert ist *positiv / negativ*.

A10

Lies die Koordinaten der Punkte in Figur 20 ab und trage sie ein:

*A* (.........|.........)

*B* (.........|.........)

*C* (.........|.........)

*D* (.........|.........)

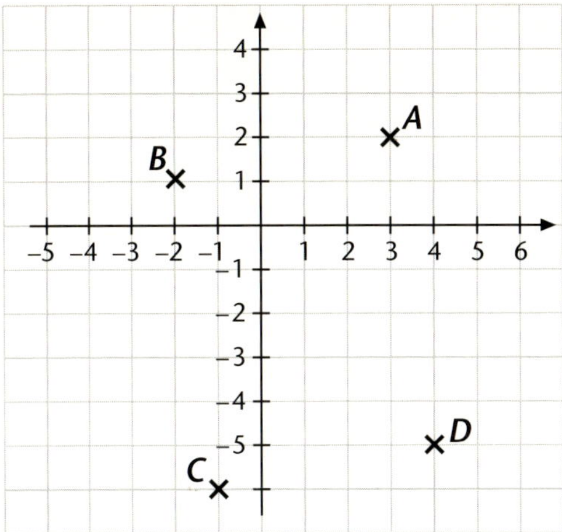


20
Figur

A11

Trage in das Koordinatensystem der Figur 20 die Punkte ein.

a) $P\,(2|5)$  b) $Q\,(6|-2)$  c) $R\,(-5|3)$  d) $S\,(-4|-5)$

Die Achsen im Koordinatensystem tragen verschiedene Namen, wobei du dir nur diejenigen merken sollst, die du aus deinem Unterricht kennst:

Die horizontale Achse für Rechts- und Linkswert heißt auch:

1. Achse
*x*-Achse
Abszissenachse

Rechtswert und Linkswert werden zusammengefasst zu: Abszissenwert

Die vertikale Achse für Hoch- und Tiefwert heißt auch:

2. Achse
*y*-Achse
Ordinatenachse

Hochwert und Tiefwert werden zusammengefasst zu: Ordinatenwert

# 3. Parallelen und Geradenbüschel

**Grundsatz** Durch einen Punkt $P$, der nicht auf der Geraden $g$ liegt, gibt es *genau eine* Gerade $h$, die parallel ist zu $g$.

21 Figur

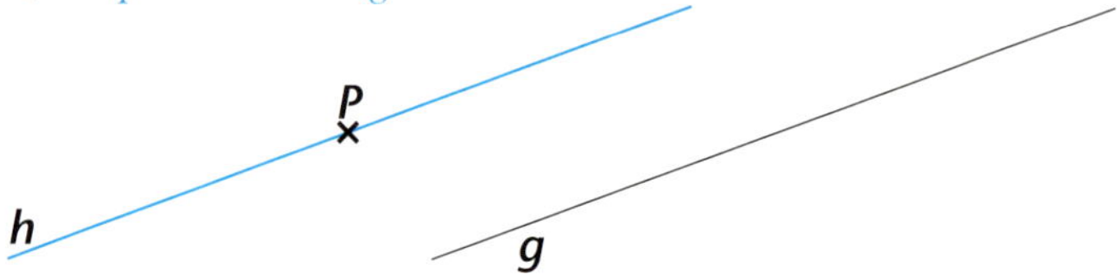


Ein weiterer Grundsatz lautet:

**Grundsatz** Parallele Geraden haben überall den gleichen Abstand $d$.

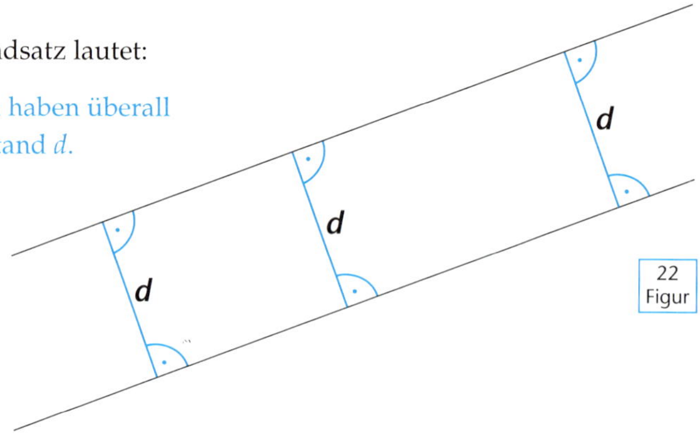


22 Figur

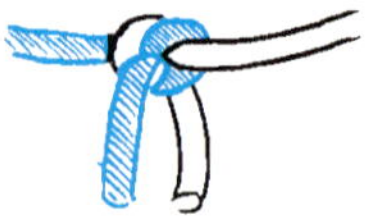

Die Menge aller Geraden, die zueinander parallel verlaufen, heißt **Parallelenschar** oder **Geradenschar**.

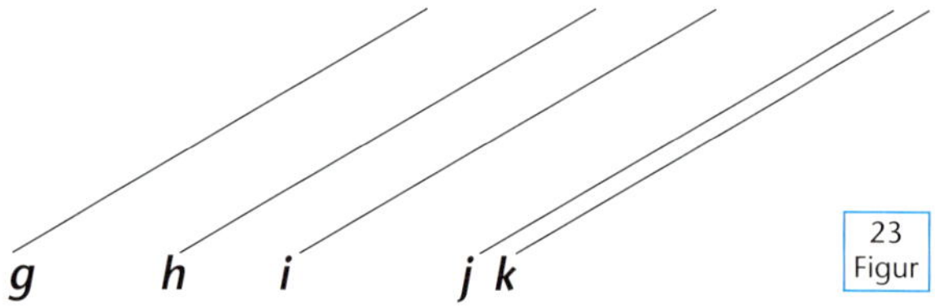


23 Figur

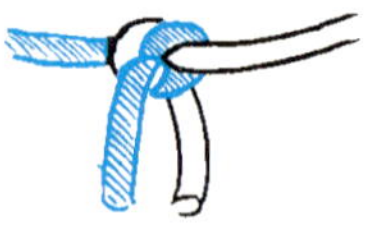

Die Menge aller Geraden, die durch einen gemeinsamen Punkt $S$ gehen, heißt **Geradenbüschel**.

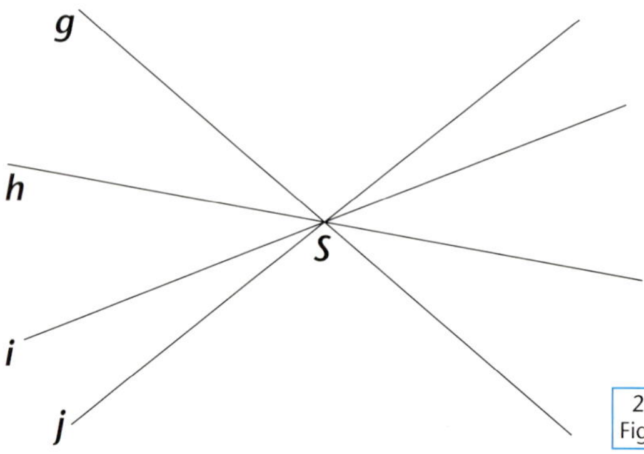


24 Figur

# 4. Geodreieck und Winkel

Nun zu einem weiteren sehr wichtigen Zeichenhilfsmittel:

Falls in einer Aufgabe *nicht* verlangt ist, dass du die Figur *konstruieren* sollst, *sondern* dass du sie „nur“ *zeichnen* sollst, darfst du auch das **Geodreieck** verwenden.

Mit diesem Dreieck kannst du viele Dinge ziemlich einfach zeichnen:

- Natürlich kannst du das Geodreieck als Lineal verwenden und gerade **Linien** damit ziehen.
- An der längsten Dreiecksseite ist eine Zentimetereinteilung angebracht, sodass du auch **Längen** messen und **Strecken** antragen kannst. (Beachte, dass der Nullpunkt in der Seitenmitte liegt!)
- Mit dem Geodreieck kannst du **parallele Geraden** zeichnen.
- Auf dem Geodreieck findest du außerdem eine Winkeleinteilung. Damit kannst du **Winkel** messen bzw. Winkel antragen.
- Mit den gestrichelten Linien innerhalb des Winkelhalbkreises kannst du die **Winkel 90°** und **45°** besonders einfach zeichnen.

Beispiel

Zeichne zu einer gegebenen Geraden $g$ die Parallele durch einen vorgegebenen Punkt $P$.

Erinnere dich:
Zwei Geraden sind **parallel** zueinander, wenn sie keinen Schnittpunkt haben.

Gegeben

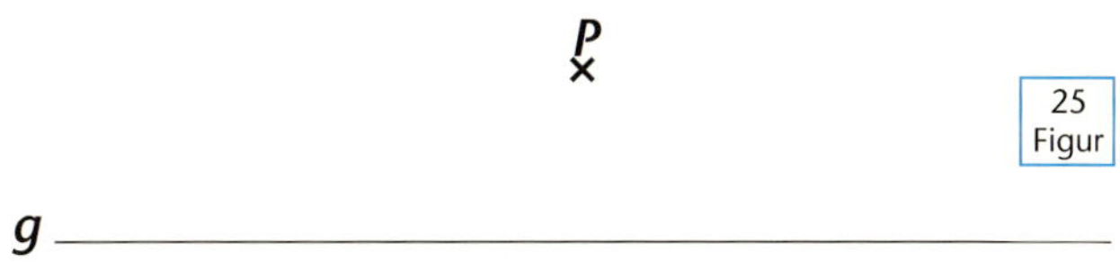


25 Figur

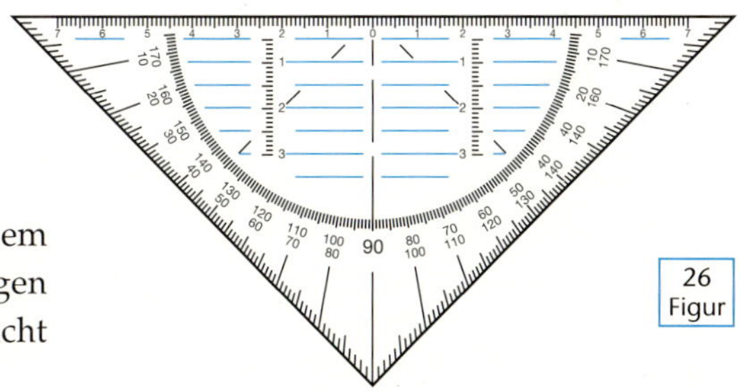

26 Figur

Schau genau hin: Auf dem Geodreieck sind zur langen Seite Parallelen angebracht – im Abstand von 5 mm.

Lösung

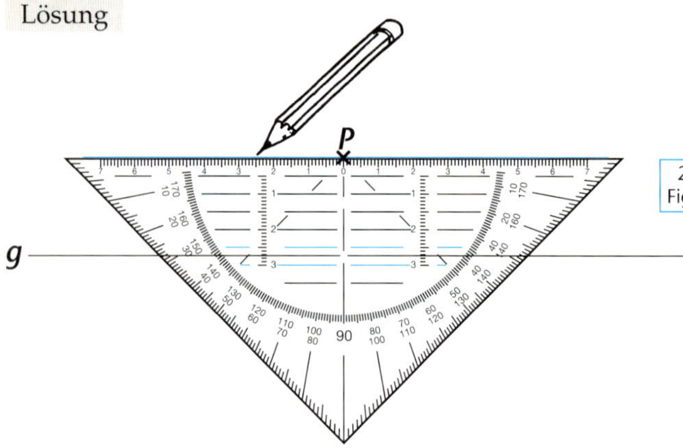


27
Figur

Bevor wir die Winkelskala des Geodreiecks (siehe Figur 28) benutzen können, müssen wir erst einmal die Eigenschaften von Winkeln kennen lernen.

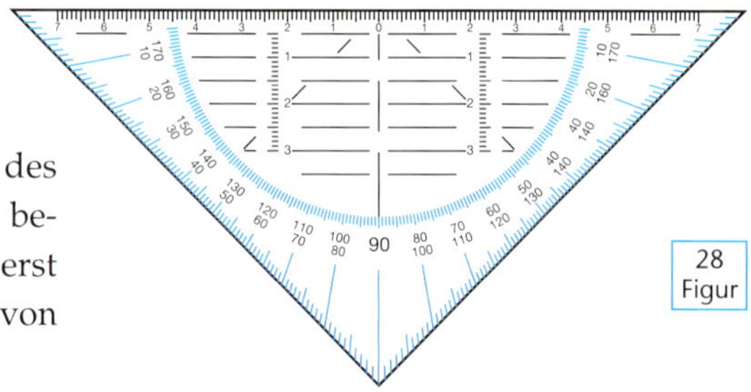

28
Figur

Damit du dir einen Winkel vorstellen kannst, nimmst du zwei 30-cm-Lineale mit einem Loch am linken Ende und verbindest sie durch dieses Loch miteinander. Das kann mit einem Plastik-Clip geschehen oder mit einer biegsamen Flachkopfklammer, mit der man große Briefumschläge verschließt.

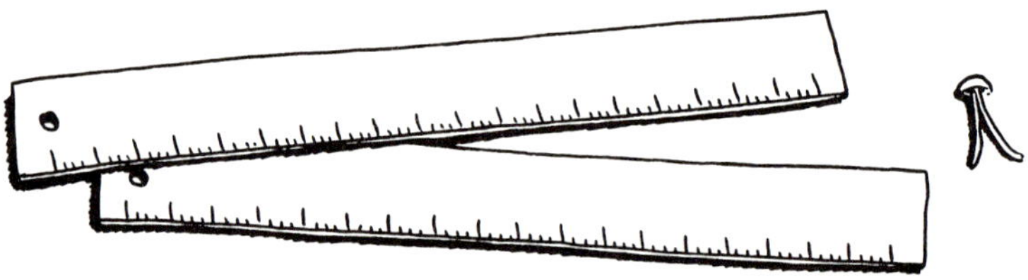

Wenn du keine zwei Lineale mit Loch auftreiben kannst, dann schneide dir einfach aus einem stabilen Karton zwei längliche Streifen zurecht. Für die Löcher am linken Ende kannst du einen Locher nehmen.

Die verbundenen Lineale kannst du verschieden weit auseinander klappen. Stelle dir dazu vor, dass du das untere Lineal festhältst und das obere Lineal in verschiedene Positionen drehst. Bewege dabei das Lineal immer gegen den Uhrzeigersinn – dies ist der **mathematisch „positive" Drehsinn**.

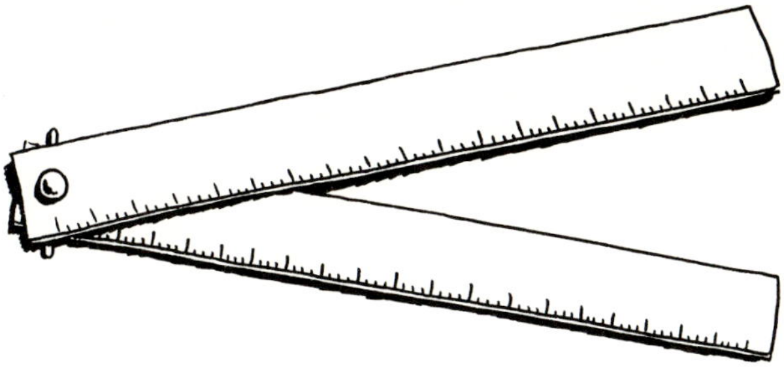

Durch die verschiedenen Öffnungen sind nun bestimmte Winkel festgelegt. Einige besondere Stellungen der Lineale bzw. Winkel kennst du sicher:

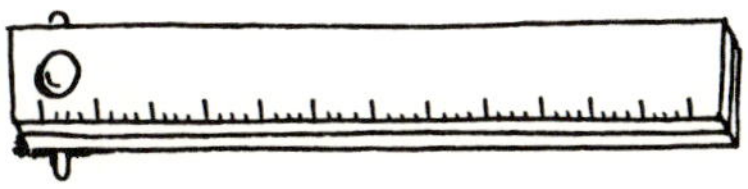

ungeöffnet:
Die Lineale liegen übereinander.
Der Winkel hat null Grad (0°).

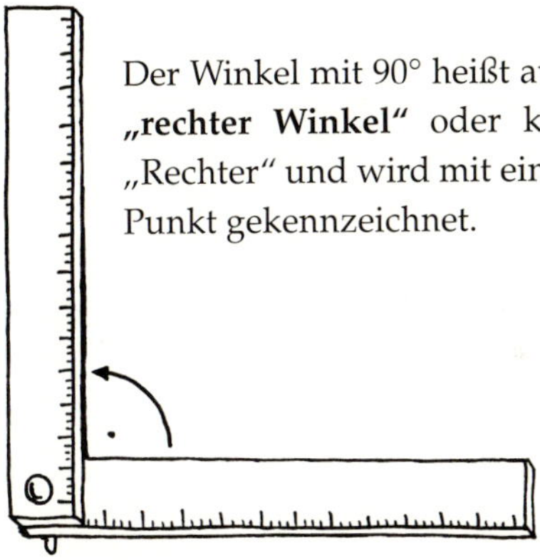

Der Winkel mit 90° heißt auch **„rechter Winkel"** oder kurz „Rechter" und wird mit einem Punkt gekennzeichnet.

halb geöffnet:
Der Winkel hat neunzig Grad (90°).

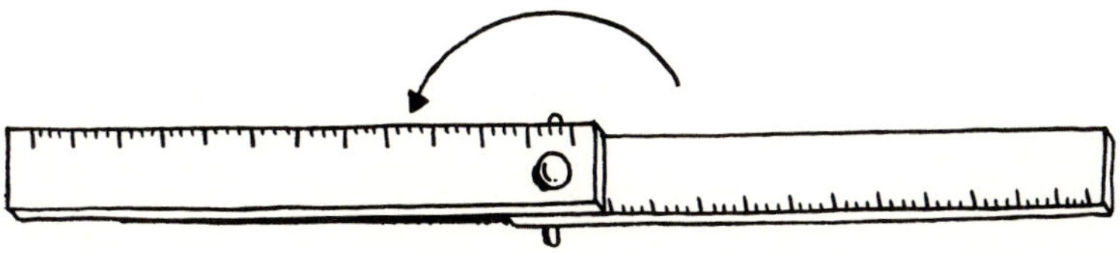

Die Lineale bilden eine gerade Linie: Der Winkel hat hundertachtzig Grad.

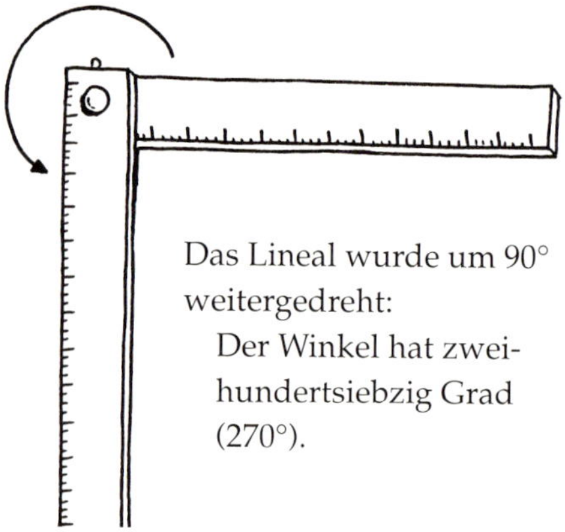

Das Lineal wurde um 90° weitergedreht:
Der Winkel hat zweihundertsiebzig Grad (270°).

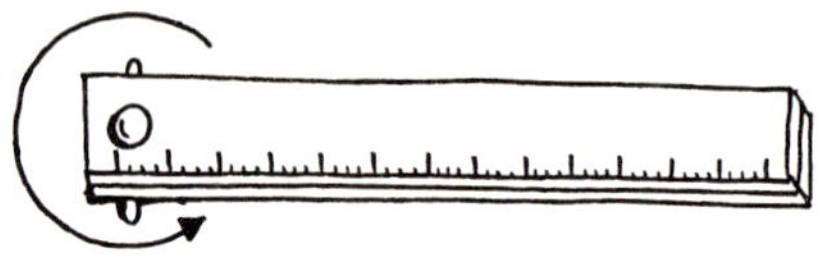

Das Lineal wurde einmal ganz herum gedreht:
Der Winkel hat dreihundertsechzig Grad (360°) bzw. null Grad, denn es gilt: $0° = 360°$

Die eigenartige 360-Grad-Einteilung für eine „Volldrehung“ stammt aus früheren Zeiten, als die Grundeinheit für das Zählen die Zahl 12 war. (Vergleiche: je 12 Stunden für Tag und Nacht, 1 Dutzend = 12 Stück.)

Auf unsere Begriffe übertragen:

Zwei Halbgeraden, die von einem gemeinsamen Punkt $S$ ausgehen, schließen miteinander einen Winkel ein.

Die beiden Halbgeraden $g$ und $h$ heißen **1. Schenkel** und **2. Schenkel**; der gemeinsame Punkt $S$ heißt **Scheitel**.

Nur wenn für die beiden Schenkel eine Reihenfolge festgelegt ist, ist der zugehörige Winkel eindeutig definiert:

$\sphericalangle\,(g; h)$ Lies: Winkel $gh$

1. Schenkel ↗ ↖ 2. Schenkel

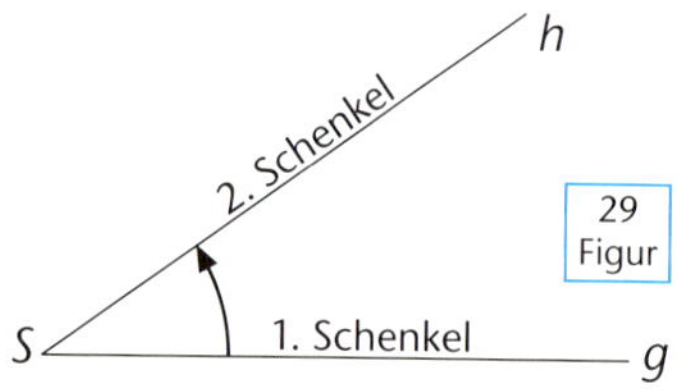


29 Figur

Dabei versteht man unter dem $\sphericalangle\,(g; h)$ die Menge der Punkte auf und zwischen den Halbgeraden $g$ und $h$.

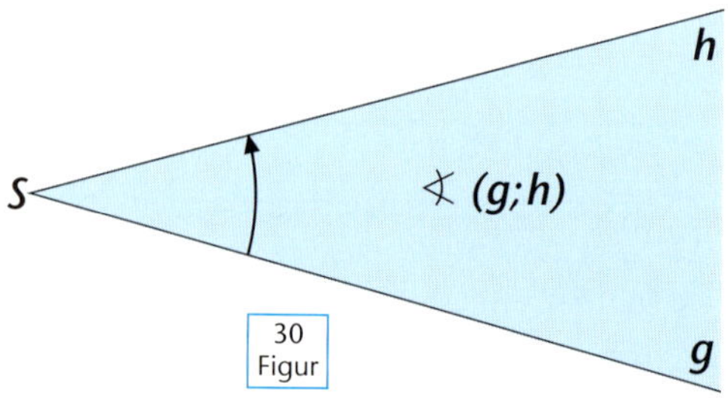


30 Figur

Unter dem $\sphericalangle (h; g)$ versteht man die Punkte, die überstrichen werden, wenn man die Halbgerade $h$ in die Halbgerade $g$ hineindreht – gegen den Uhrzeigersinn!

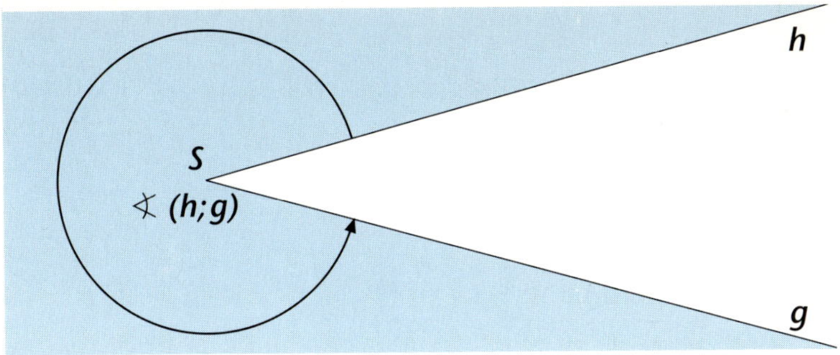


31 Figur

Die Größe eines Winkels kannst du mit dem Geodreieck ausmessen: Lege den Nullpunkt der langen Seite so auf den Scheitel, dass die lange Seite über dem 1. Schenkel liegt und der 2. Schenkel in die Winkeleinteilung fällt.

32 Figur

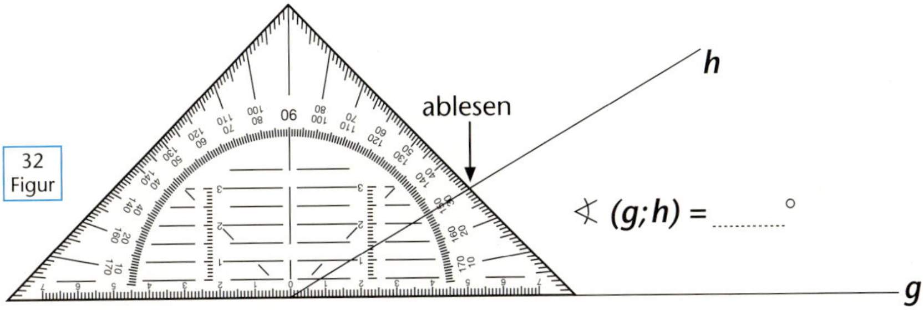


Lies die Größe des Winkels auf der Skala ab, die beim 1. Schenkel mit 0° (null Grad) beginnt.
Hinweis: Wenn du einen Winkel messen willst, trage zuerst den Drehsinn ein.

**Aufgabe A12**

Miss die gezeichneten Winkel mit dem Geodreieck und trage durch einen kleinen Bogen mit Pfeilspitze jeweils den Drehsinn ein.
(Und vergiss dabei nicht: In der Klammer hinter dem Winkelzeichen steht immer zuerst der 1. Schenkel und hinter dem Strichpunkt der 2. Schenkel.)

a) $\sphericalangle (a; b) =$ ...............

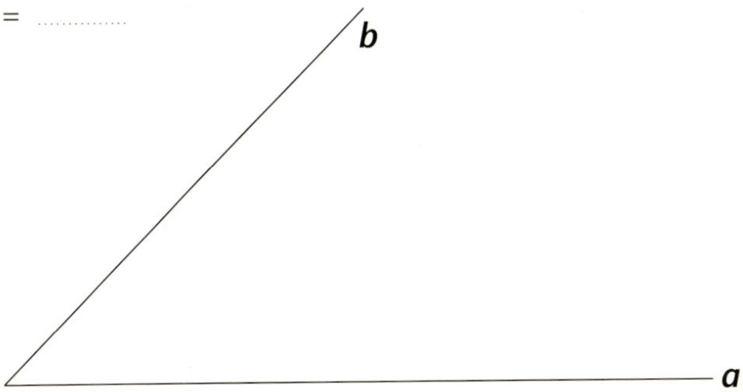


33 Figur

b) ∢ $(c; d)$ = ..............

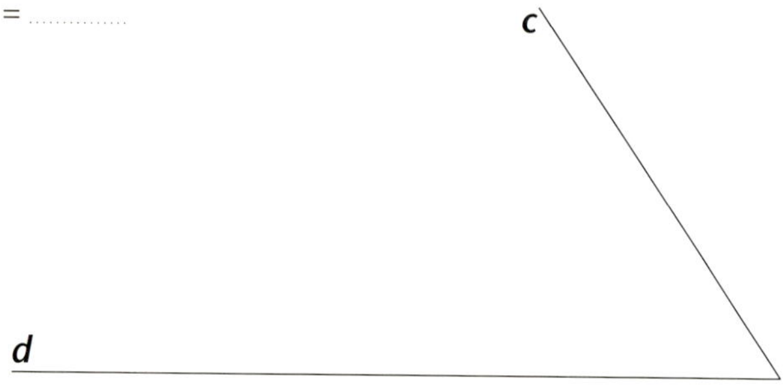


34 Figur

c) ∢ $(e; f)$ = ..............

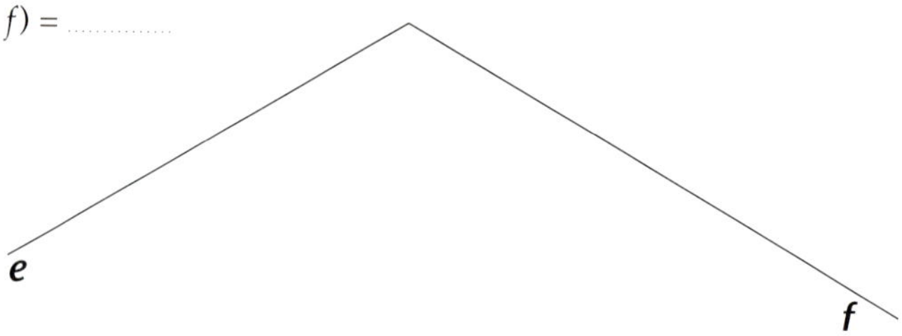


35 Figur

Obwohl die Winkeleinteilung des Geodreiecks nur bis 180° reicht, lassen sich damit auch Winkel messen, deren Größe (oder auch Maß) zwischen 180° und 360° liegt.

Beispiel

Bestimme das Maß des ∢ $(a; b)$.

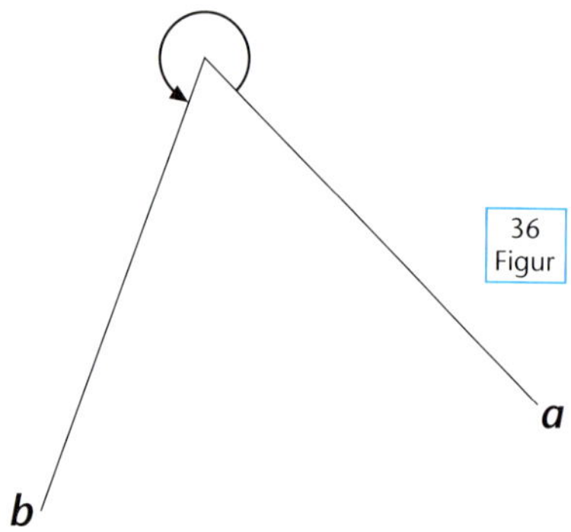


36 Figur

Hier gibt es zwei Möglichkeiten, den Winkel zu messen:

Möglichkeit 1

Zeichne den Drehsinn ein und lege das Geodreieck so an den 1. Schenkel $a$ an, dass der Anfangshalbkreis des Drehsinnpfeils nicht vom Geodreieck verdeckt wird.

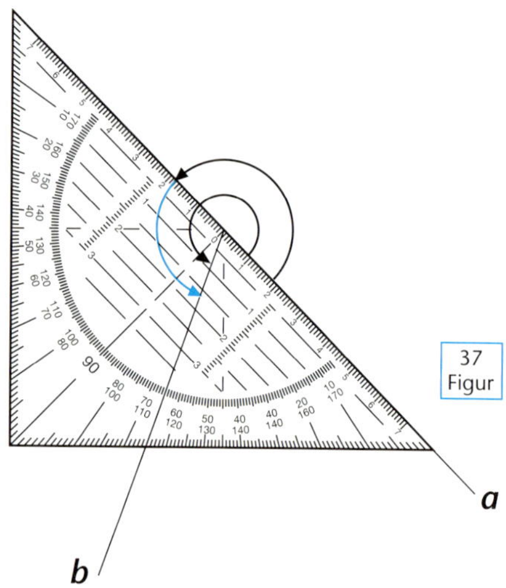


37 Figur

Beachte, dass du zu dem abgelesenen Wert von 115° noch 180° dazuzählen musst:

∢ $(a; b)$ = 180° + 115° = ..................

Möglichkeit 2

Lege das Geodreieck am 2. Schenkel $b$ an und miss den spitzen Winkel zum 1. Schenkel $a$.

Beachte, dass du auf diese Weise den Restwinkel bis zum Vollwinkel von 360° misst! Du musst den abgelesenen Winkel von 65° also von 360° abziehen:

$\sphericalangle (a; b) = 360° - 65° =$ ..................

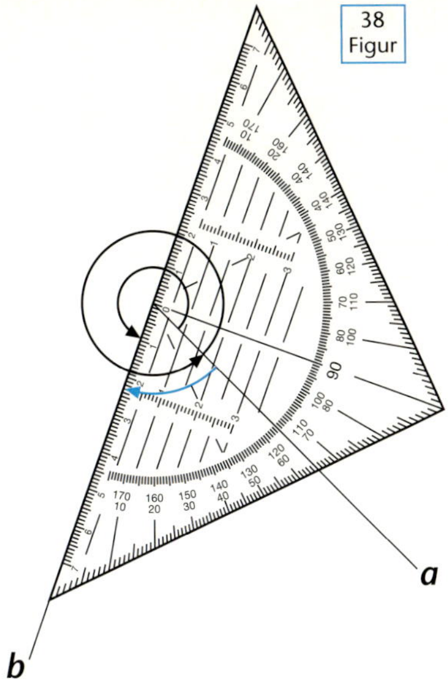


38
Figur

**Aufgabe A13**

Kennzeichne die angegebenen Winkel (durch einen Kreisbogen mit Pfeil) und miss sie.

a) $\sphericalangle (a; b) =$ ..................

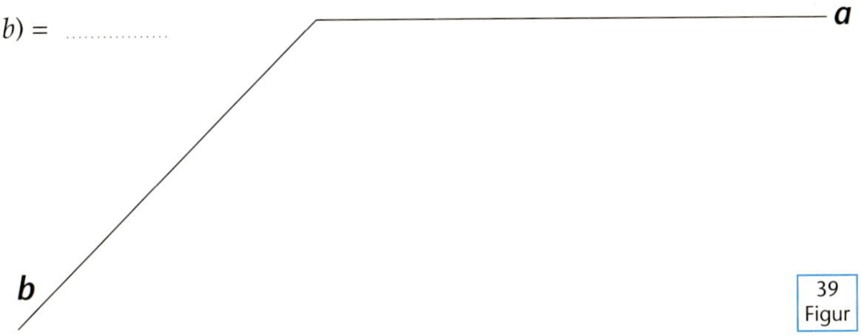


39
Figur

b) $\sphericalangle (c; d) =$ ..................

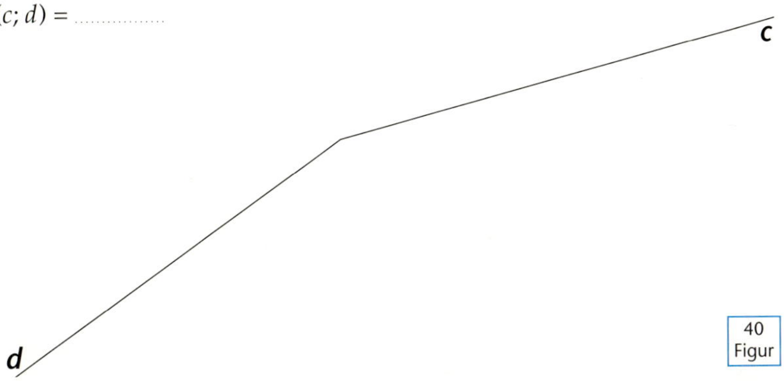


40
Figur

c) $\sphericalangle(e; f) =$ ……………

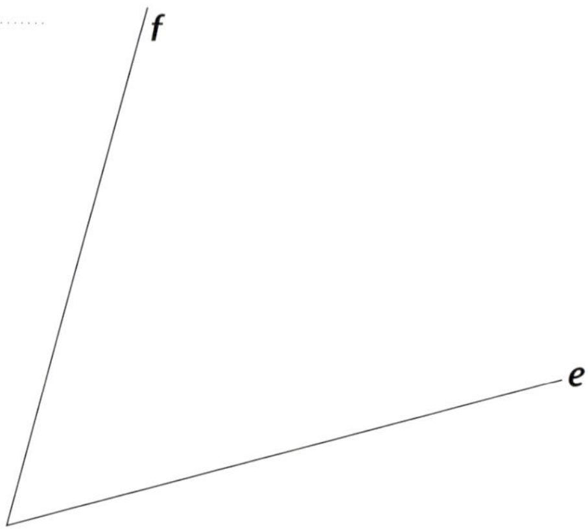


41 Figur

d) $\sphericalangle(f; e) =$ ……………

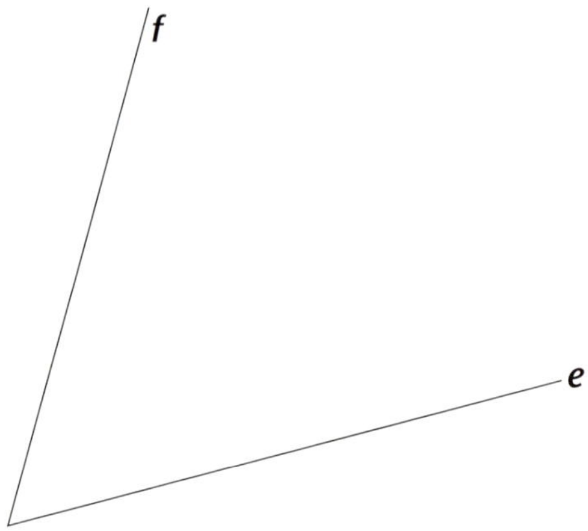


42 Figur

Für die Bezeichnung der Winkelgröße bzw. des Winkelmaßes werden kleine griechische Buchstaben verwendet. Im Dreieck sieht das so aus:

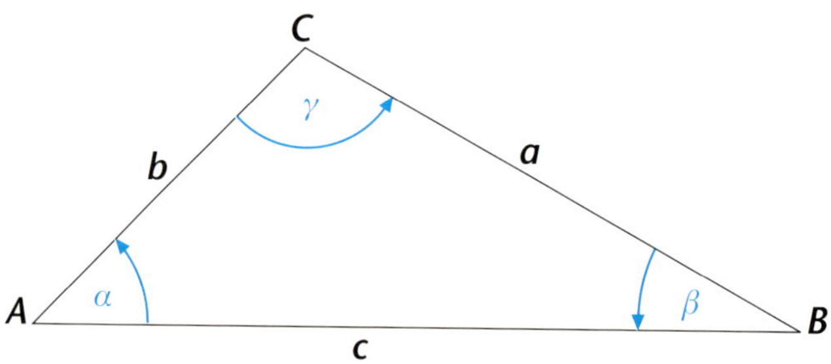


43 Figur

**Aufgabe A14** Überlege und ergänze:

$\sphericalangle(c; b) =$ ………… $\sphericalangle($…… ; ……$) = \beta$ $\sphericalangle(b; a) =$ …………

Versuche immer auf die unterschiedlichen Bezeichnungen bei deinen Konstruktionen zu achten; es gelten folgende Vereinbarungen:

- Die Scheitel eines Winkels bzw. Ecken eines Dreiecks (oder auch *n*-Ecks) werden wie alle Punkte mit großen Druckbuchstaben bezeichnet.
- Die Schenkel eines Winkels, die Seiten *jedes n*-Ecks und auch Geraden werden mit kleinen lateinischen Buchstaben bezeichnet.
- Bei Dreiecken liegt gegenüber dem Eckpunkt *A* die Seite *a*, gegenüber dem Eckpunkt *B* die Seite *b* usw. …
- Winkel erhalten den griechischen Kleinbuchstaben, der dem Scheitelnamen entspricht: $\sphericalangle\,\alpha$ liegt beim Scheitel *A*, $\sphericalangle\,\beta$ liegt beim Scheitel *B* usw. …
- Der Sonderfall eines **rechten** bzw. **90°-Winkels** wird mit einem Punkt und einem kleinen Winkelbogen bezeichnet.

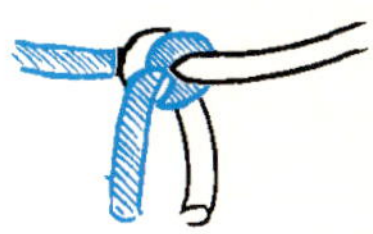

Alle Winkel zwischen 0° und 90° heißen **spitze Winkel**.

Alle Winkel zwischen 90° und 180° heißen **stumpfe Winkel**.

Der Winkel mit genau 180° heißt auch **gestreckter Winkel**.

Alle Winkel zwischen 180° und 360° heißen **überstumpfe Winkel**.

Es gibt noch eine weitere Möglichkeit die Winkel zu bezeichnen.

Drei Punkte *P*, *Q* und *R* seien gegeben:

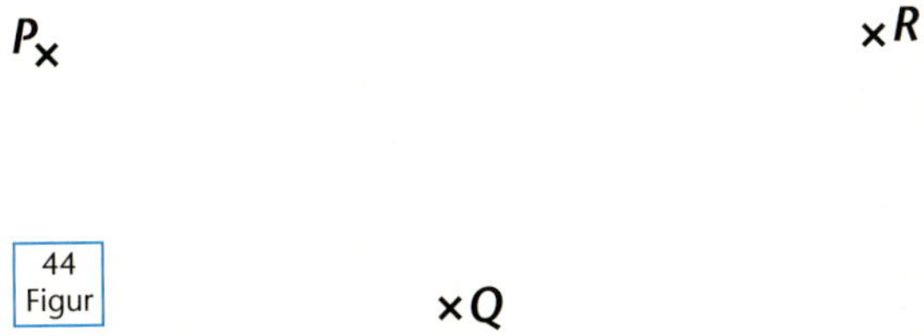


44 Figur

Die Reihenfolge der drei Buchstaben hinter dem Winkelzeichen ∢ legt jeweils genau einen Winkel fest. Mit ∢ *RQP* ist also der innere Winkel bei *Q* gemeint:

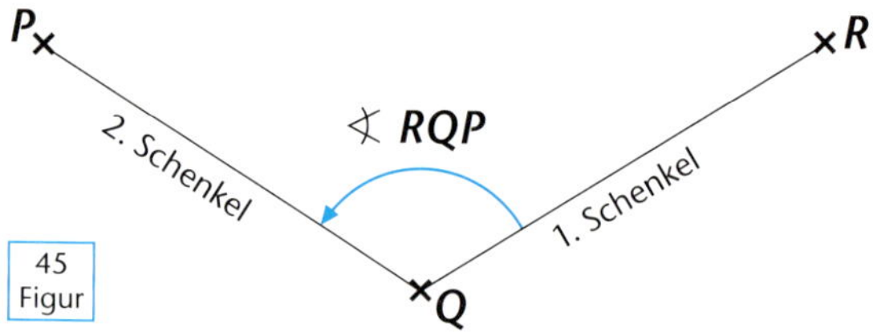


45 Figur

Wenn ein Winkel durch drei Punkte gekennzeichnet wird, gilt:

- In der Mitte steht immer der Scheitel des Winkels.
- An erster Stelle steht immer der Punkt auf dem ersten Schenkel.
- An letzter Stelle steht immer der Punkt auf dem zweiten Schenkel.

(Wieder wird der erste Schenkel gegen den Uhrzeigersinn in den zweiten Schenkel gedreht!)

Beispiel Mit ∢ *PQR* ist der überstumpfe Winkel bei *Q* gemeint.

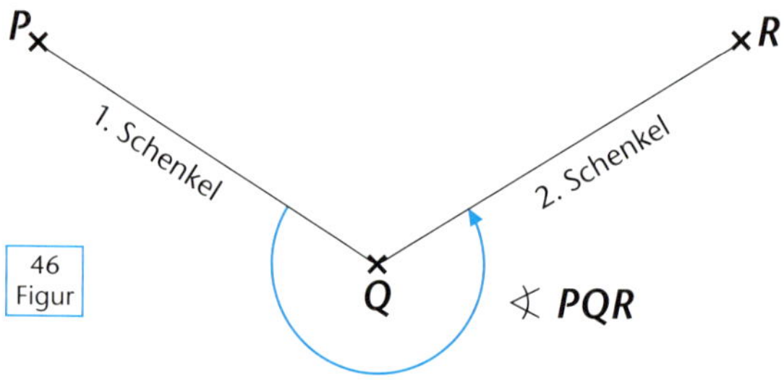


46 Figur

**Aufgaben A15** Zeichne jeweils den Winkel und kennzeichne ihn durch einen Kreisbogen mit Pfeilspitze.

a) ∢ *QPR*

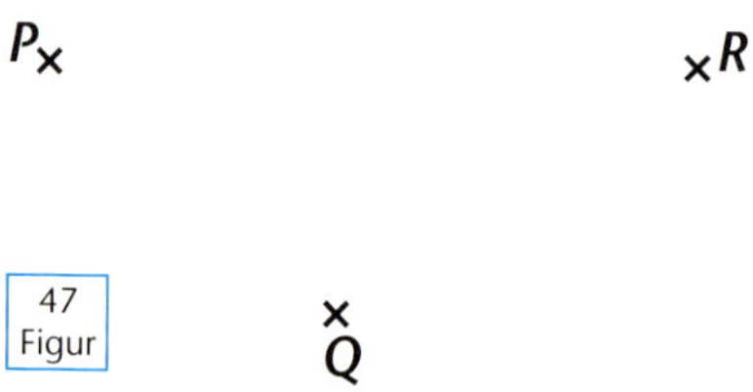


47 Figur

b) ∢ *PQR*

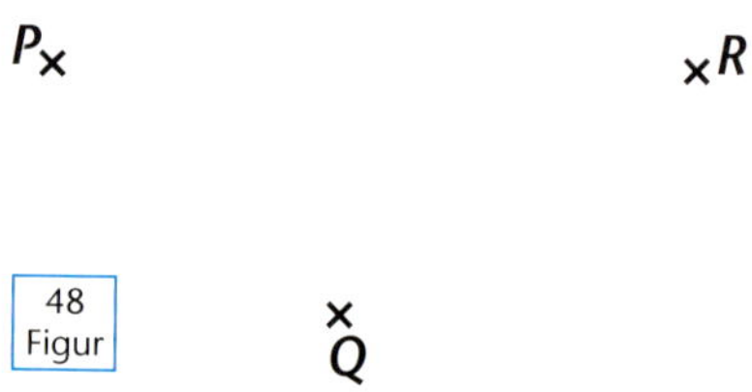


48 Figur

Benenne die eingezeichneten Winkel mithilfe der Punkte $P$, $Q$ und $R$. **A16**

a)

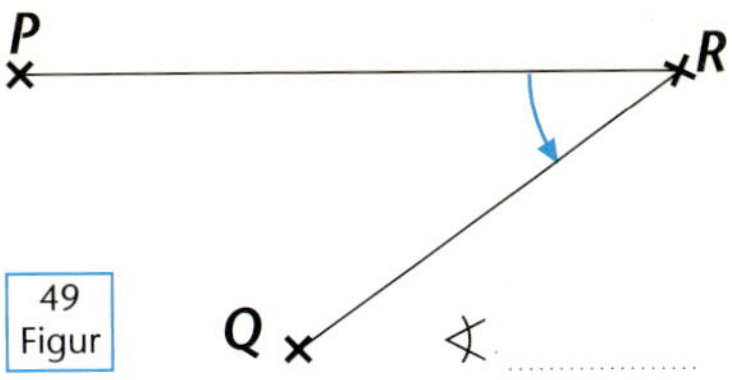


49 Figur

b)

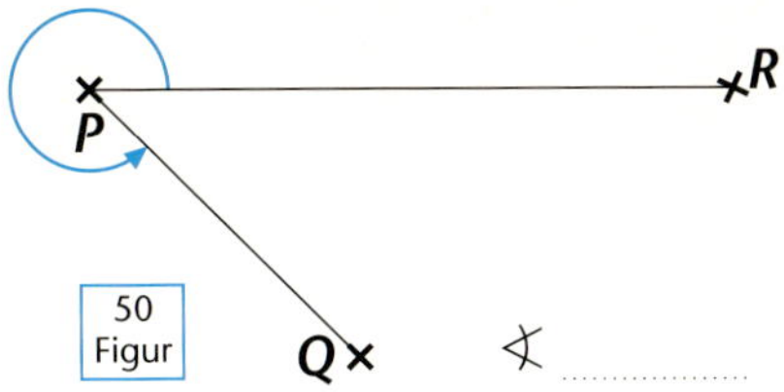


50 Figur

Nun noch zu einer weiteren Anwendungsmöglichkeit des Geodreiecks:

Mit dem Geodreieck kann man zu einer gegebenen Geraden $g$ eine senkrechte Gerade ziehen, die durch einen vorgegebenen Punkt geht.

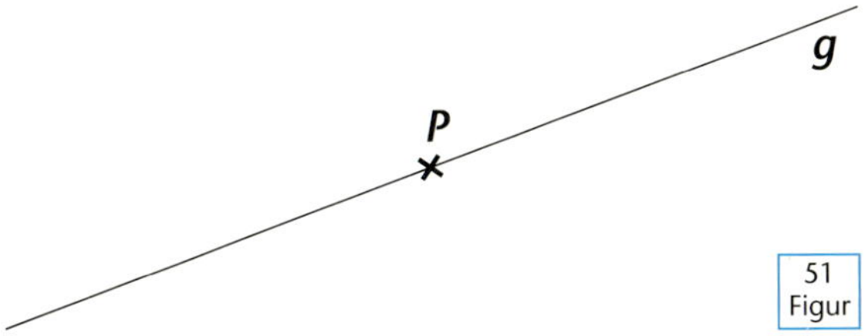


51 Figur

**Möglichkeit 1**

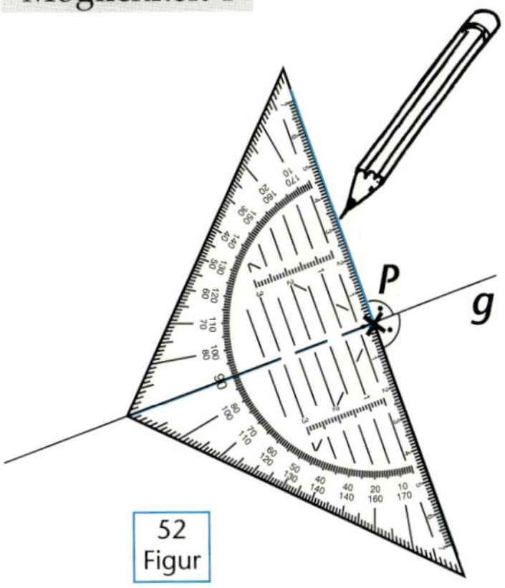


52 Figur

Lege die „Halbierungslinie" des Geodreiecks so auf die Gerade, dass die lange Seite auf $P$ liegt.

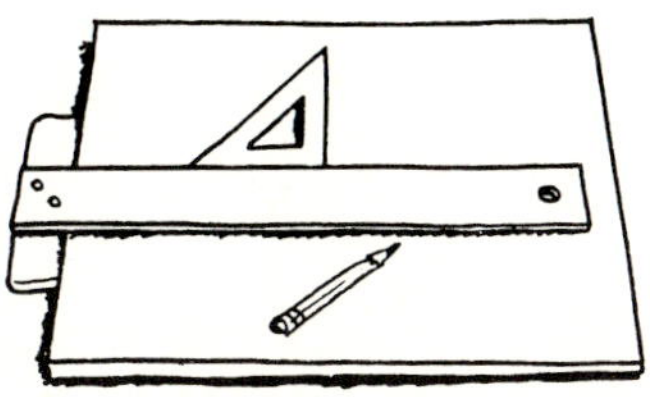

**Möglichkeit 2**

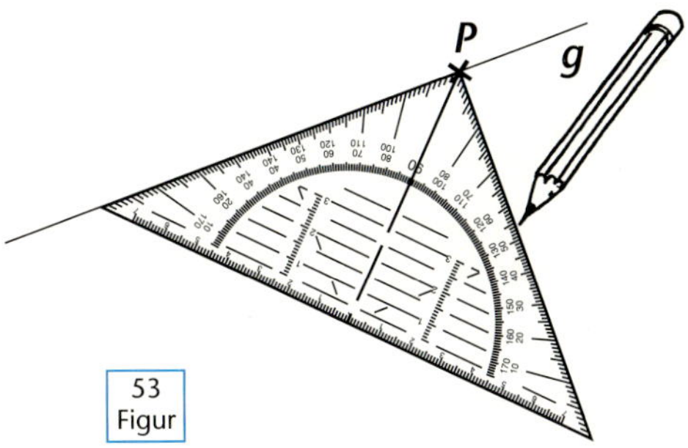


53 Figur

Du kannst auch ausnutzen, dass das Geodreieck an einer Ecke einen rechten Winkel (90°) hat. Lege dessen einen Schenkel auf die Gerade und den anderen Schenkel an $P$.

Falls $P$ nicht auf $g$ liegt, geht es ganz entsprechend:

Die zu $g$ senkrechte Gerade durch $P$ heißt das **Lot** von $P$ auf die Gerade $g$. Den Schnittpunkt des Lotes mit der Geraden $g$ nennen wir $F$ für **Fußpunkt** des Lotes.

Die Länge der Strecke $[PF]$ heißt **Abstand** des Punktes $P$ von der Geraden $g$.

Möglichkeit 1

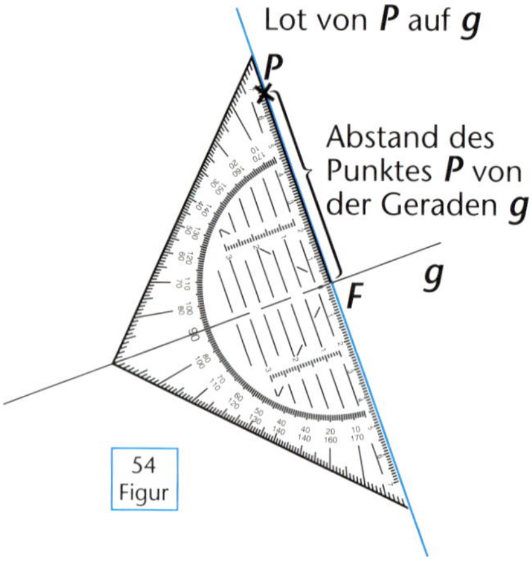


54 Figur

Möglichkeit 2

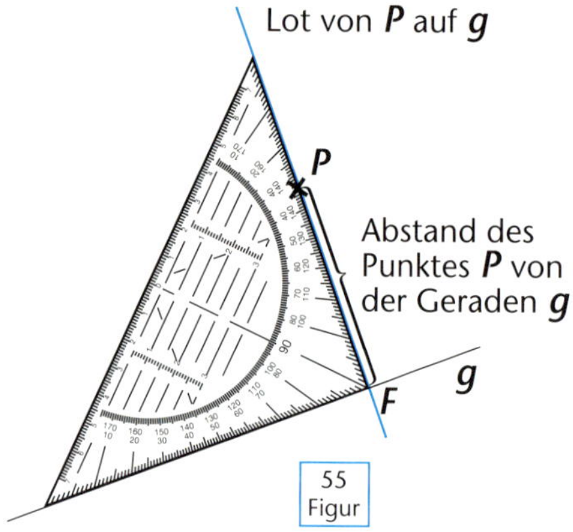


55 Figur

## 5. Kurzschreibweisen

Nun kommt noch eine Wiederholung wichtiger Kurzschreibweisen, die du zum Teil schon aus der Mengenlehre kennst. Diese Abkürzungen ersparen dir viel Schreibarbeit.

- $P \in g$ bedeutet:

  Punkt $P$ liegt auf der Geraden $g$.

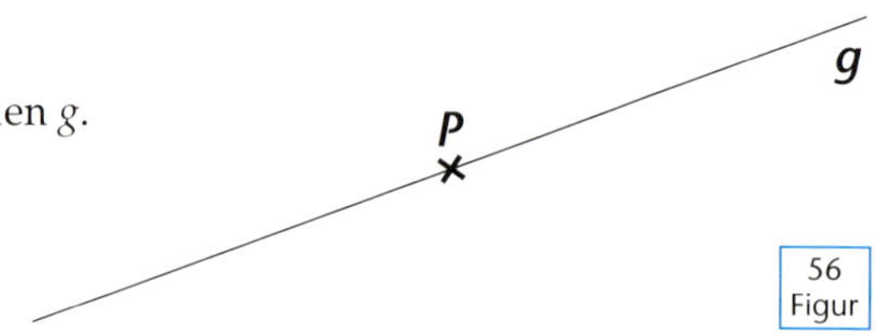


56 Figur

- $P \notin g$ bedeutet:

  Punkt $P$ liegt nicht auf der Geraden $g$.

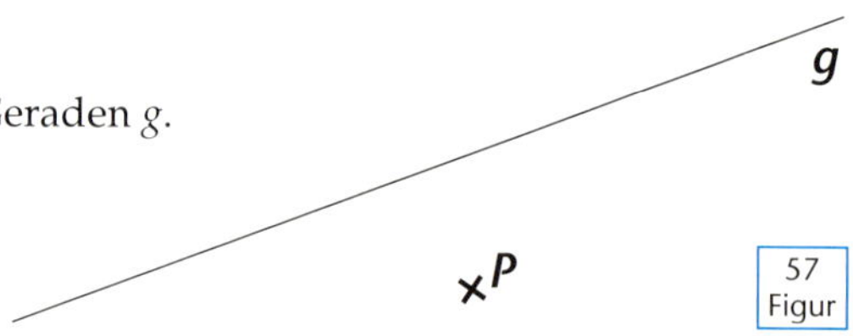


57 Figur

- $g \perp h$ bedeutet:

  Gerade $g$ steht **senkrecht** auf der Geraden $h$.

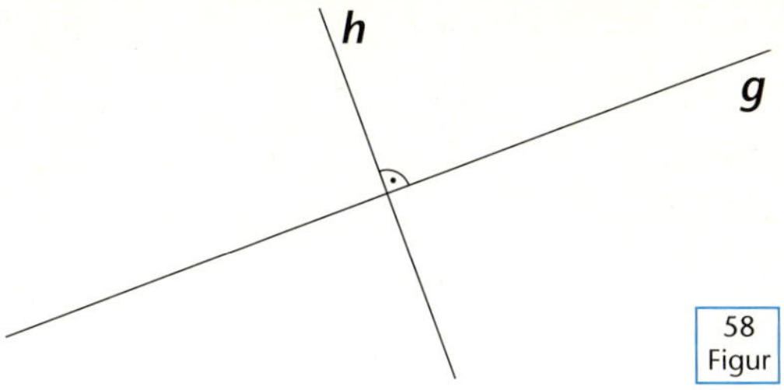


58
Figur

- $RS \cap UV = \{P\}$ bedeutet:

  Die Schnittmenge der Geraden $RS$ und der Geraden $UV$ ist die Menge, die den Punkt $P$ enthält. Oder: $RS$ und $UV$ schneiden sich im Punkt $P$.

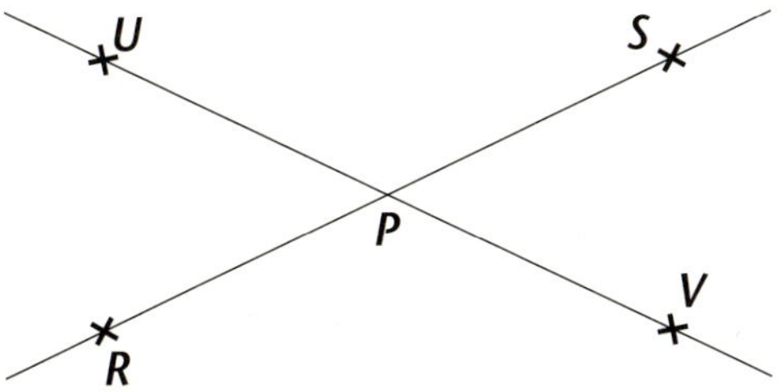


59
Figur

- $[PQ] \subset g$ bedeutet:

  Strecke $[PQ]$ ist Teilmenge der Geraden $g$ bzw. $[PQ]$ liegt auf der Geraden $g$.

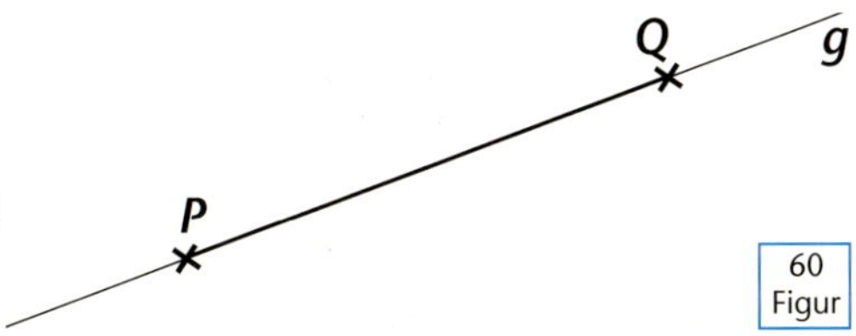


60
Figur

- $[PQ] \not\subset RS$ bedeutet:

  Strecke $[PQ]$ ist nicht Teilmenge der Geraden $RS$ bzw. $[PQ]$ liegt nicht auf RS.

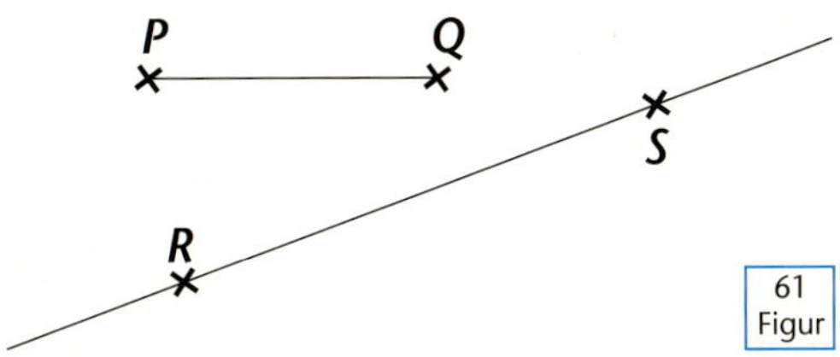


61
Figur

- $g \parallel h$ bedeutet:
  Gerade $g$ verläuft parallel
  zur Geraden $h$.

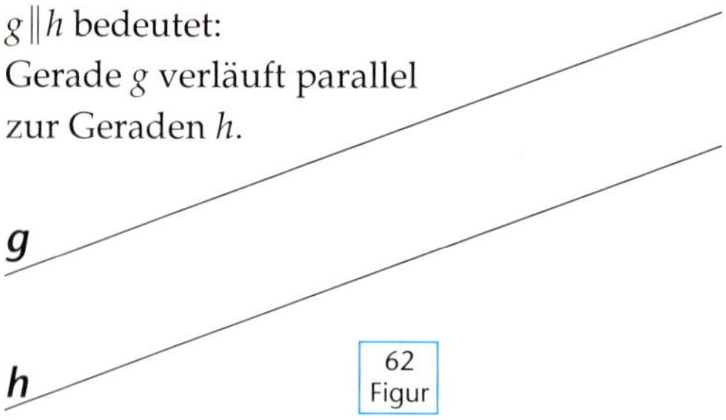


62
Figur

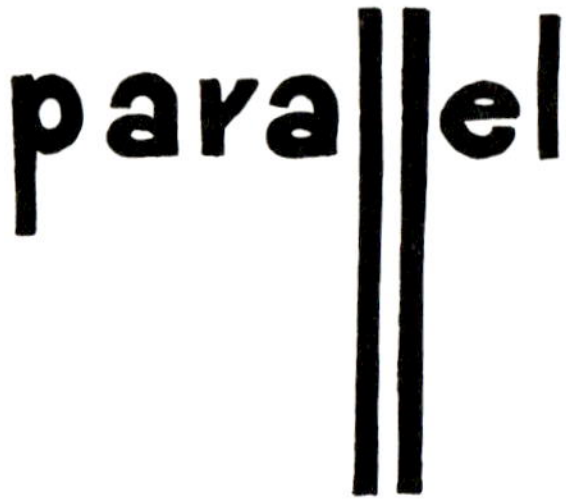


## 6. Abbildungen

Um den Begiff „Abbildung" zu erklären, zeige ich dir Beispiele von Abbildungen aus dem täglichen Leben.

### Fotografie

Mit einer Kamera kannst du eine Fotografie machen, auf der du den Bildausschnitt wiedererkennst, den du durch den Sucher gesehen hast. Dabei entspricht jedem Punkt des Bildausschnittes genau ein Punkt auf dem Foto und umgekehrt.
Man sagt: Du hast den Bildausschnitt **abgebildet**.

### Schattenwurf

In dem verzerrenden Schattenwurf erkennst du – mit etwas Mühe – die Gestalt am Strand wieder.
Wieder wurde etwas bzw. jemand **abgebildet**. Denn wieder entspricht jedem Punkt der Vorderseite der Person genau ein Punkt im Schattenbild.

## Fotokopie

Mit dem Kopiergerät kannst du von der Vorlage ein Zweitexemplar herstellen. Das Original wird **abgebildet**, denn jedem Punkt des Originals entspricht genau ein Punkt der Kopie.

Für alle Abbildungen gilt die Definition:

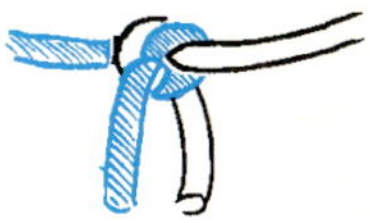

Das Original heißt **Urbild** und die Abbildung heißt **Bild**.

Bei den drei verschiedenen Abbildungen – Fotografie, verzerrender Schattenwurf und Kopie – sind dir sicher auch die grundsätzlichen Unterschiede aufgefallen. Ergänze nun jeweils einen der Begriffe *Fotografie, Verzerrung, Kopie,* sodass sich sinnvolle Beschreibungen der Abbildung ergeben:

- Bei der ............................................ wurden beim Abbilden weder die Längen noch die Winkelmaße verändert. (Vergleiche Bild und Urbild.)
- Bei der ............................................ wurden beim Abbilden zwar die Längen verändert, aber die Maße einander entsprechender Winkel blieben gleich. (Vergleiche Bild und Urbild.)
- Bei der ............................................ wurden beim Abbilden sowohl die einander entsprechenden Längen als auch die Winkel verändert. (Vergleiche Bild und Urbild.)

In den nächsten Kapiteln dieses Buches werden wir uns ausschließlich mit Abbildungen beschäftigen, bei denen *sowohl* die entsprechenden Längen *als auch* die entsprechenden Winkel des Bildes im Vergleich zum Urbild *erhalten* bleiben. Solche Abbildungen heißen **Kongruenzabbildungen**.

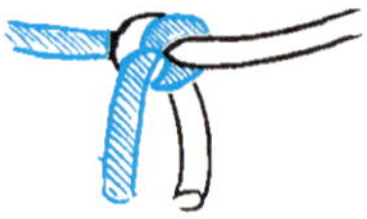

- Zwei Strecken heißen **kongruent**, wenn sie gleiche Längen haben.
- Zwei Winkel heißen **kongruent**, wenn sie gleich groß sind.
- Zwei Dreiecke (allgemein: Figuren) heißen **kongruent**, wenn die entsprechenden Längen und die entsprechenden Winkel der beiden Dreiecke bzw. Figuren gleich groß sind.

In Kurzschreibweise: $\triangle ABC \cong \triangle DEF$
Lies: Dreieck *ABC* ist kongruent zu Dreieck *DEF*.

**Aufgabe A17**

Schneide die fünf Dreiecke auf der Seite 121 im Zeichnungsteil aus. Prüfe nun durch Übereinanderlegen nach, welche Dreiecke zueinander kongruent sind. Streiche das Kongruentzeichen $\cong$ durch ($\not\cong$), wenn die Dreiecke nicht kongruent sind.

a) $\triangle I \cong \triangle II$
b) $\triangle I \cong \triangle III$
c) $\triangle I \cong \triangle IV$
d) $\triangle I \cong \triangle V$
e) $\triangle II \cong \triangle III$
f) $\triangle II \cong \triangle IV$
g) $\triangle II \cong \triangle V$
h) $\triangle III \cong \triangle IV$
i) $\triangle III \cong \triangle V$
j) $\triangle IV \cong \triangle V$

Stecke nun die Dreicke I bis V in einen Umschlag und lege diesen Umschlag hinten in das Buch!

Es gibt vier Kongruenzabbildungen: **Achsenspiegelung, Punktspiegelung, Drehung** und **Verschiebung**. Für alle vier gilt:

- Geraden werden auf Geraden abgebildet;
- Strecken auf kongruente Strecken;
- Winkel auf ........................................................................;
- Kreise auf ........................................................................ .

Nun kommt es darauf an, die Gesetzmäßigkeiten der Abbildung zu finden. Du musst also versuchen zu erkennen, nach welcher Methode du zu jedem Punkt des Urbildes den zugehörigen Bildpunkt konstruieren kannst.

# Achsenspiegelung

B

Achsensymmetrische Figuren kennst du bereits und wenn du dich aufmerksam umsiehst, erkennst du viele Gegenstände, die achsensymmetrisch sind. Als Anregung hier fünf Beispiele von achsensymmetrischen Figuren. Zeichne jeweils die Symmetrieachse ein.

63 Figur

64 Figur

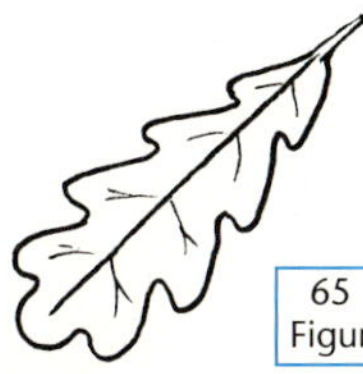

65 Figur

66 Figur

67 Figur

## 1. Abbildungseigenschaften

In diesem Abschnitt geht es darum, die geometrischen Eigenschaften von achsensymmetrischen Figuren herauszuarbeiten.

**Aufgabe B1**

Ergänze die folgenden „halbfertigen“ Figuren freihändig zu achsensymmetrischen Figuren:

a)

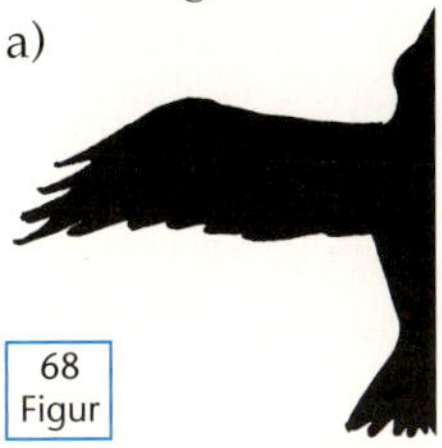

68 Figur

b) Spiegele nach links.

69 Figur

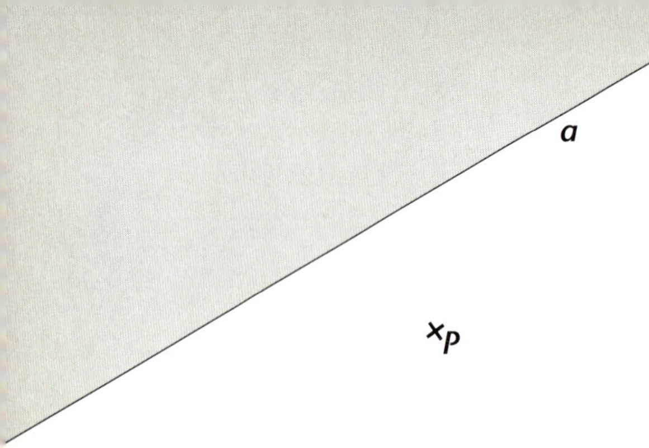


70
Figur

In dieser Übung sollst du zu einem Punkt *P* „über den Daumen gepeilt“ seinen Bildpunkt *P′* markieren, indem du *P* frei Hand an der Achse *a* spiegelst.

Wenn du *P′* eingezeichnet hast, kannst du jetzt die Probe machen, wie „genau“ du *P′* getroffen hast. Gehe folgendermaßen vor:

Lege ein Lineal an die Achse *a* an und fahre mit dem *stumpfen* Rücken einer Schere oder eines Messers an ihm entlang. Dann falte diese Seite an der Achse *a* und knicke den grauen Teil nach hinten um. Nimm jetzt eine Nadel (oder die Zirkelspitze), stich durch den Punkt *P* hindurch und klappe dann den vorher umgeknickten Teil wieder nach vorn. Dort, wo du im grauen Feld den Durchstich siehst, liegt genau der Bildpunkt *P′*!

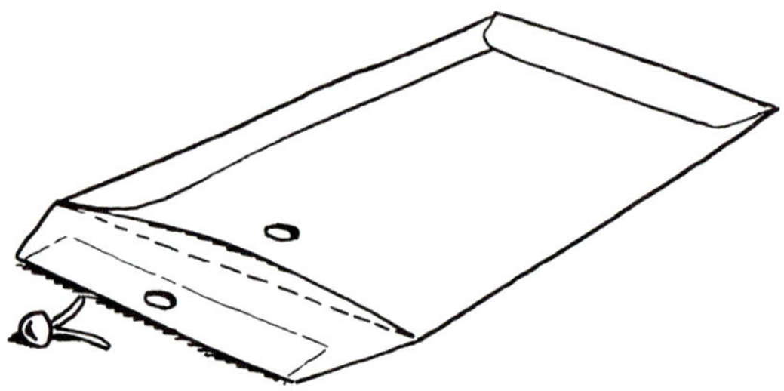

In der nächsten Übung sind die Achse *a* und das Dreieck *ABC* gekennzeichnet und du sollst mit der „Knick-Stech-Methode“ das Bilddreieck finden und zeichnen.

Hinweis: Du musst möglichst exakt knicken, damit du mit den gefundenen Ergebnissen weiterarbeiten kannst.

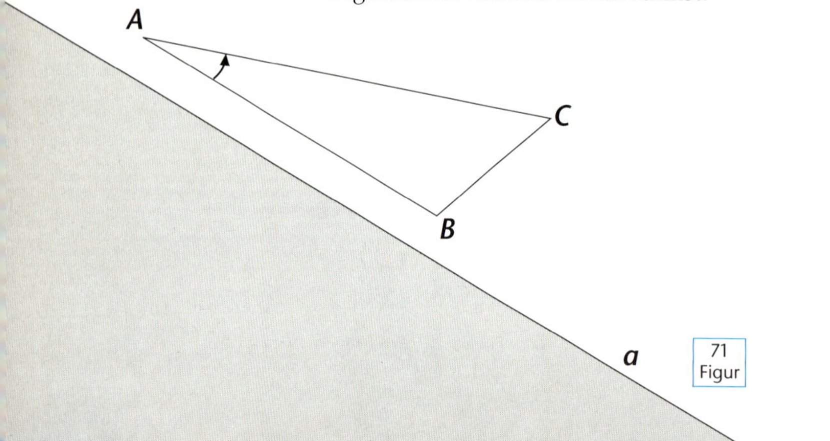


71
Figur

Nenne jetzt die Bildpunkte entsprechend den Urpunkten $A'$, $B'$ und $C'$.
Wenn du die Strecken $[AB]$ und $[A'B']$ miteinander vergleichst – und beachtest, wie $A'$ und $B'$ aus $A$ und $B$ entstanden sind –, kannst du sicher den folgenden Satz ergänzen. Benutze dazu die passende Definition aus Abschnitt A 6.

Bei der Achsenspiegelung wird jede Urbildstrecke in eine zu ihr …… …… Bildstrecke abgebildet.

Vergleiche nun die Größen entsprechender Winkel. Dir fällt sicher auf:

Die Winkel $\alpha$, $\beta$, $\gamma$ im $\triangle ABC$ sind jeweils …… zu den Winkeln $\alpha'$, $\beta'$, $\gamma'$ im $\triangle A'B'C'$.

Trotzdem hat sich bei den Winkeln etwas verändert! Zeichne beim Winkel $\gamma'$ auch den Winkelbogen und die symmetrische (!) Pfeilspitze zu $\gamma$ ein. Dabei wird klar, dass sich der …… der Winkel geändert hat. (Das fehlende Wort wurde auf Seite 17 eingeführt.)

Man nennt die beiden Winkel $\gamma$ und $\gamma'$ **gegensinnig kongruent**.

Auch der Umlaufsinn der Dreiecke hat sich geändert:

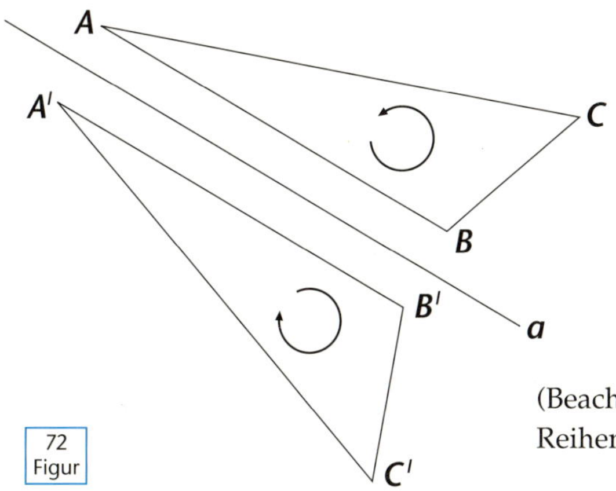


72
Figur

(Beachte die alphabetische Reihenfolge der Buchstaben!)

Verbinde nun in Figur 72 mit gestrichelten Strecken die Urpunkte mit den zu ihnen gehörenden Bildpunkten – also $A$ mit …… und $B$ mit …… und $C$ mit …… .
Dabei fallen dir sicher diese drei Eigenschaften auf:

- Die Verbindungsstrecken von Punkt und Bildpunkt stehen …… …… auf der Achse.
- Die Verbindungsstrecken von Punkt und Bildpunkt werden von der Achse …… .
- Alle Verbindungsstrecken von Punkt und Bildpunkt verlaufen …… …… zueinander.

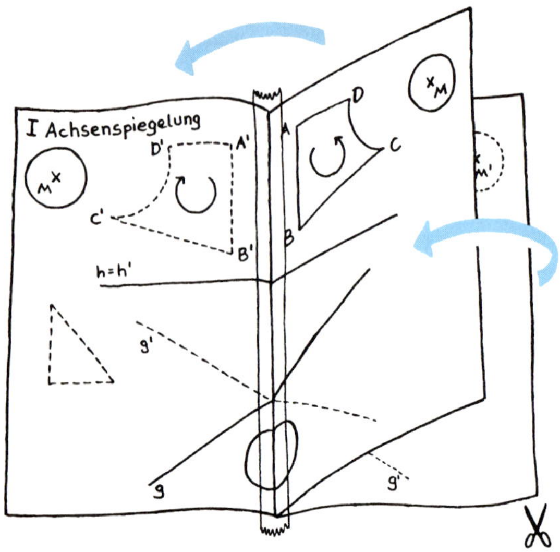


Nimm die Pergamentfolie I („Achsenspiegelung“) hinten aus dem Buch. Klebe mit durchsichtigem Klebestreifen die eingeklappte Hälfte auf der großen Folie fest (siehe Abbildung) und schneide die Folie rechts am Knick auf. Klebe danach das mittlere Blatt auch auf seiner Rückseite nochmals mit einem Klebestreifen fest.

Damit hast du ein Hilfsmittel in der Hand, mit dem du die Achsenspiegelung *als Bewegung* nachvollziehen kannst. Durch die Deckungsgleichheit (Kongruenz) der Figuren kannst du die Achsensymmetrie feststellen.

Auch die Abbildungseigenschaften, die du eben kennen gelernt hast, kannst du mithilfe der Folie bestätigen und dir klar machen.

Ein Dreieck ist nur gestrichelt gezeichnet und hat kein „Gegenstück“ auf der beweglichen Folie und kein Spiegelbild. Suche unter den ausgeschnittenen Dreiecken (die du in den Umschlag gesteckt hast) zwei heraus, die genau in die gestrichelte Begrenzung passen. Klebe eines davon auf die bewegliche Folie und klebe das zweite Dreieck als Bild auf die andere Seite der Achse.

Damit du für die beiden ausgeschnittenen Dreiecke die richtigen Positionen findest, wende auch hier die „Knick-Stech-Methode“ an. Lege die geknickte Folie samt Innenteil auf eine weiche Unterlage und stich die Eckpunkte des gestrichelten Dreiecks durch; jetzt fällt dir das Einkleben der Dreiecke leicht.

Wenn du die geknickte Folie samt Innenteil nun gegen das Licht hältst, erkennst du gut die Deckungsgleichheit der gedruckten Figuren sowie der Dreiecke.

Hier noch eine kleine Zusammenstellung der Erkenntnisse, zu denen du mithilfe der Folie selbst experimentieren kannst. Lies jeweils einen Satz, den du ergänzen bzw. bei dem du streichen musst, und überprüfe die Feststellung mit der Folie.

- Der Knick, an dem entlang du die eingeklappte Seite festgeklebt hast, entspricht der ............................................................ .
- Aus dem Viereck *ABCD* und seiner Bildfigur *A′B′C′D′* sollst du mehrere Dinge ablesen:
  - ➡ Da die Strecke *AB* parallel zur Spiegelachse verläuft, verläuft auch ihre Bildstrecke .................................... zur Spiegelachse.
  - ➡ Der Drehsinn des Vierecks *ändert sich / bleibt gleich* bei der Achsenspiegelung.
  - ➡ Die gebogenen Linien zwischen C und *D* bzw. *C′* und *D′* sind ....................... ....................... zueinander.

- Ein vollständiger Kreis wird durch die Achsenspiegelung wieder auf einen ............................................................ abgebildet!
- Ein Halbkreis, dessen Mittelpunkt auf der Spiegelachse liegt, wird durch sein Spiegelbild zu einem ........................ ergänzt.
- Da die Gerade $h$ ................................ auf der Spiegelachse steht, fällt $h$ mit ihrem Spiegelbild $h'$ zusammen.
- Da die Gerade $g$ ........................................... auf der Spiegelachse steht, steht auch ihr Spiegelbild $g'$ ........................................... auf der Spiegelachse.
- Die Gerade $g$ (die links und rechts der Spiegelachse verläuft) ergibt als Spiegelbild wieder eine ................................ .
- Die Winkel zwischen $g$ und der Spiegelachse $a$ bzw. zwischen $g'$ und $a$ sind ............................................ .

Beachte:
Alle die Feststellungen, die du hier ganz praktisch mithilfe der Folie ausprobieren konntest, werden auf den folgenden Seiten mit Konstruktionen mathematisch hergeleitet. Bitte nimm die Folie immer dann zur Hand, wenn es dir sinnvoll erscheint, die Konstruktionen der Achsenspiegelung nachzuvollziehen. Hier siehst du durch die Bewegung, wie die Punkte jeweils zu ihren Bildpunkten passen.

## 2. Konstruktion des Bildpunktes

Bisher haben wir die Bildpunkte mit der „Knick-Stech-Methode“ gefunden. Nun wird aber häufig in Aufgaben verlangt: *Konstruiere* $P'$ mit $P \xmapsto{a} P'$.

Dabei bedeutet die Kurzschreibweise $P \xmapsto{a} P'$:
Punkt $P$ gespiegelt an der Achse $a$ ergibt den Bildpunkt $P'$.

Für die Konstruktion nützen wir folgende Eigenschaften aus: Punkt und Bildpunkt sind von *jedem* Punkt der Spiegelachse $a$ jeweils gleich weit entfernt. Also zum Beispiel von $X$ und $Y$ in Figur 73.

73 Figur

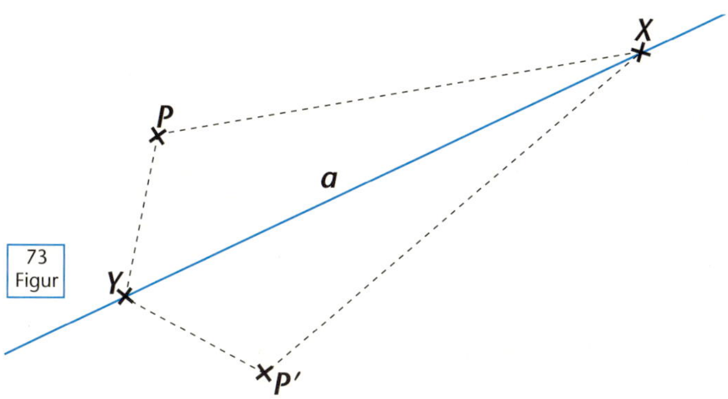

Erinnere dich an die Eigenschaft von Punkten, die auf einer Kreislinie liegen: Alle Punkte, die von $X$ genauso weit entfernt sind wie $P$, liegen auf dem .................... um $X$ mit dem ........................ $\overline{XP}$. (kurz: $k\,(X;\,\overline{XP})$ )

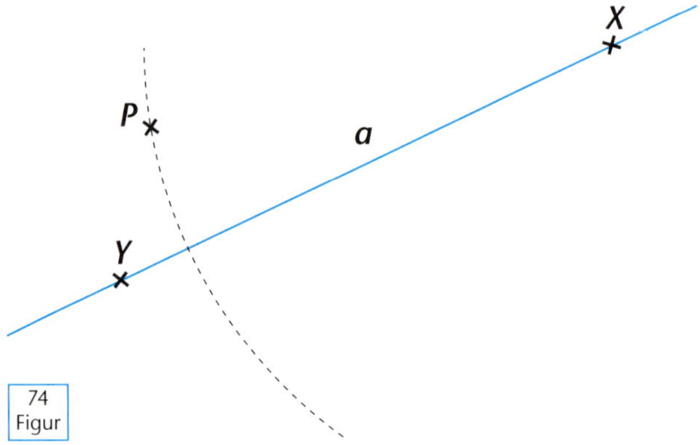


74
Figur

Entsprechend gilt für $Y$: Alle Punkte, die von $Y$ genauso weit entfernt sind wie $P$, liegen auf dem .................... um ........ mit dem .............................. .
(kurz: .......................)

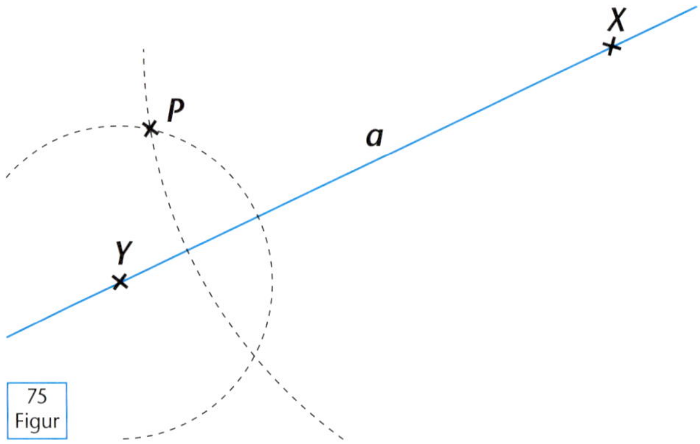


75
Figur

Dort, wo sich die beiden Kreise schneiden, liegt $P'$.

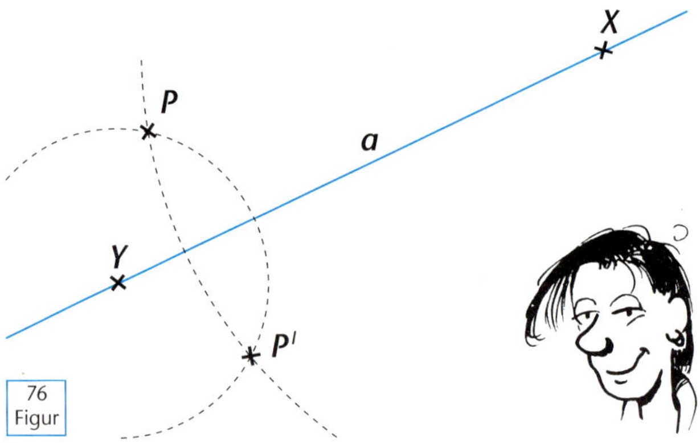


76
Figur

Konstruiere im Zeichnungsteil in Figur 77 $P'$ mit $P \xmapsto{a} P'$.

Konstruktionsbeschreibung

Wähle zwei beliebige Punkte $X$ und $Y$, die auf der Achse $a$ liegen, so aus, dass das Lot von $P$ auf $a$ zwischen ihnen liegt. Zeichne einen Kreis um $X$, der durch $P$ geht (Radius $\overline{XP}$).
Nun zeichne einen Kreis um $Y$, der durch $P$ geht (Radius $\overline{YP}$). $P$ und $P'$ sind die Schnittpunkte der beiden Kreise.

In der Kurzschreibweise lautet diese Konstruktionsbeschreibung:

Wähle $X \in a$ und $Y \in a$.
$k(X; \overline{XP}) \cap k(Y; \overline{YP}) = \{P'; P\}$

Da du nun einzelne Punkte abbilden kannst und weißt, dass die Achsenspiegelung eine Kongruenzabbildung ist, kannst du damit auch Vielecke und Kreise abbilden!

## Aufgaben

**B2**

Konstruiere im Zeichnungsteil die Spiegelbilder der Figuren 78 bis 82 durch Spiegelung an der Achse $a$.

**B3**

Lege auf einem Extrablatt ein Koordinatensystem an. Länge der $x$-Achse: von −5 bis +8, Länge der $y$-Achse: von −6 bis +6.
Gegeben sind die Punkte $X \in a$ mit $X(-2|-6)$ und $Y \in a$ mit $Y(4|6)$ sowie die Punkte $A(-3|-3)$, $B(4|-4)$ und $C(7|2)$.

a) Zeichne die Achse $a = XY$ und das $\triangle ABC$.

b) Konstruiere das Bilddreieck $\triangle A'B'C'$ mit:
$\triangle ABC \xmapsto{a} \triangle A'B'C'$

c) Überprüfe die Bildpunkte durch die „Knick-Stech-Methode".

d) Lies die Koordinaten der Bildpunkte ab und trage sie hier ein:

$A'$ (.......... | ..........), $B'$ (.......... | ..........), $C'$ (.......... | ..........)

Nicht immer ist bei den Aufgaben zur Achsenspiegelung verlangt, dass die Bildpunkte *konstruiert* werden sollen. Falls „nur" verlangt ist, dass die Bilder *gezeichnet* werden sollen, ist dies mithilfe des Geodreiecks leicht möglich. Wir nützen dabei aus, dass die Verbindungsstrecken von Punkt und Bildpunkt senkrecht auf der Achse stehen und von ihr halbiert werden.

Beispiel

Zeichne $P'$ mit $P \xmapsto{a} P'$.

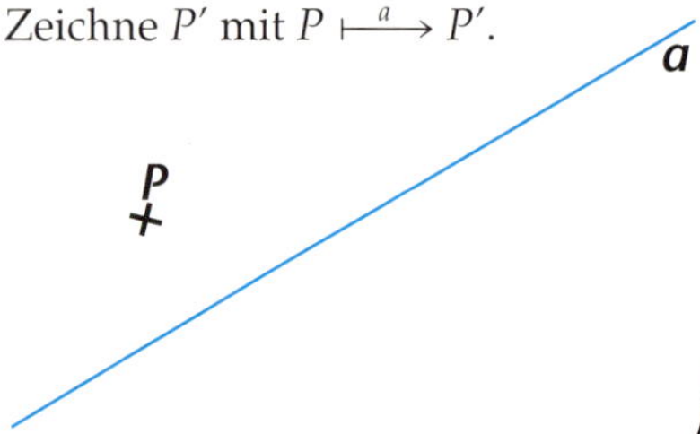


83 Figur

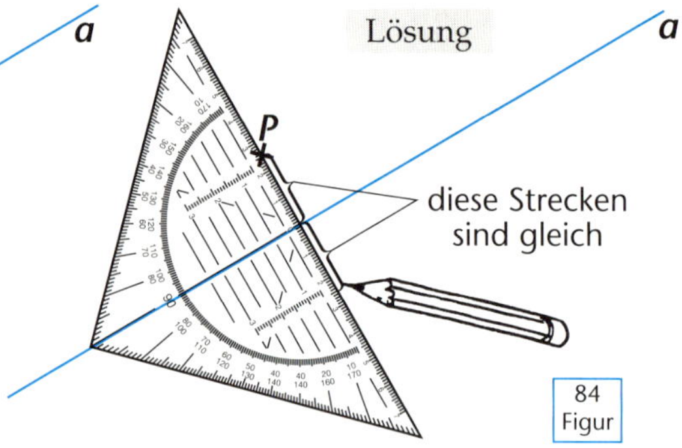


84 Figur

**Aufgabe B4**

Zeichne im Zeichnungsteil in Figur 85 das $\triangle A'B'C'$ mit $\triangle ABC \xmapsto{a} \triangle A'B'C'$.

Die nächsten Fragen empfindest du vielleicht als Scherzfragen – aber die Antworten führen zu neuen Definitionen:

➡ Wenn du den Bildpunkt $P'$ an der Achse $a$ spiegelst, erhältst du als Bildpunkt von $P'$ den Punkt ........!

Für alle Punkte bei der Achsenspiegelung gilt $P \xmapsto{a} P'$ und $P' \xmapsto{a} P$.

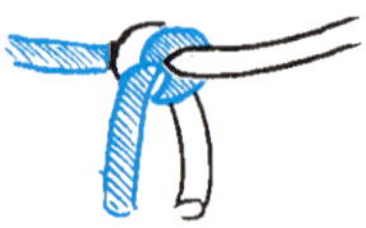

Abbildungen, bei denen der Bildpunkt eines Bildpunktes wieder der ursprüngliche Punkt ist, nennt man **involutorisch**. Daher ist die Achsenspiegelung eine involutorische Abbildung.

➡ Wo liegt der Bildpunkt $P'$, wenn $P$ auf der Achse $a$ liegt?

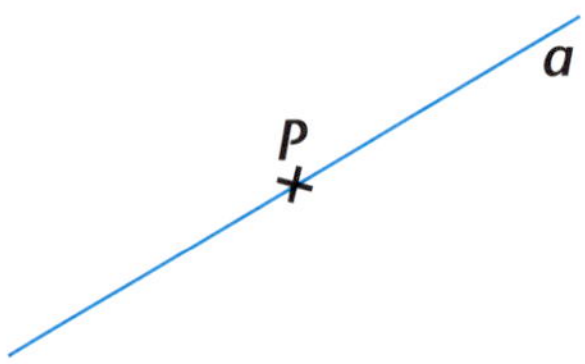


86 Figur

Na klar, es gilt: $P$ .......... $P'$!
Oder anders ausgedrückt:

$P \xmapsto{a} P \Leftrightarrow P \in a$

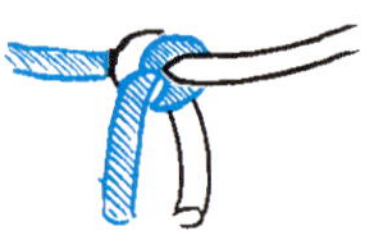

Punkte, die mit ihren Bildpunkten zusammenfallen, heißen **Fixpunkte**.

Da alle Punkte auf der Spiegelachse $a$ Fixpunkte sind, heißt die Achse **Fixpunktgerade**.

In Kurzschreibweise sieht das so aus: $a \xmapsto{a} a$!

Die Achse *a* ist also ihr eigenes „Spiegelbild“. Wie muss man aber allgemein vorgehen, wenn man zu einer Geraden *g* das Spiegelbild *g′* sucht?

## 3. Konstruktion der Bildgeraden

Problem: Konstruiere $g'$ mit $g \xmapsto{a} g'$.

**Fall 1** $g \parallel a$

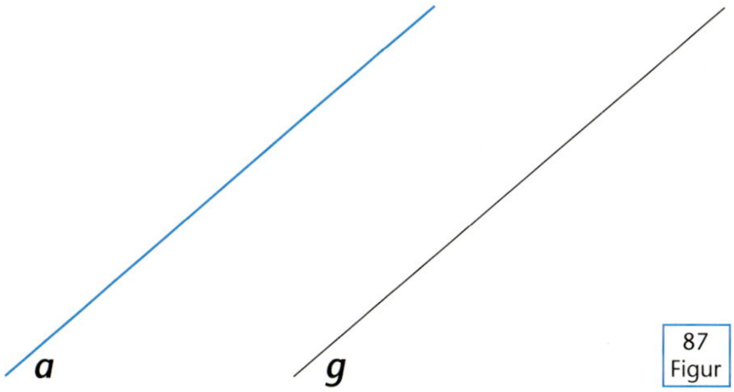


87 Figur

Sicher liegt $g'$ als Gerade „auf der anderen Seite von *a*“! – Aber wo?

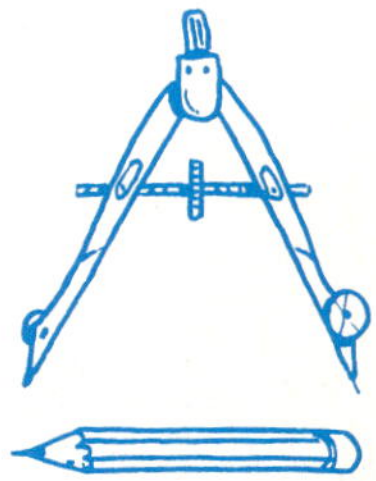

Damit wir die Bildgerade $g'$ zeichnen können, müssen wir zwei Punkte $P' \in g'$ und $Q' \in g'$ finden, durch die wir das Lineal anlegen können.

In der nächsten Zeichnung wurden zwei beliebige Punkte *P* und *Q* auf *g* gewählt. Konstruiere die Bildpunkte $P'$ und $Q'$ und zeichne die Bildgerade $g'$ durch $P'$ und $Q'$.

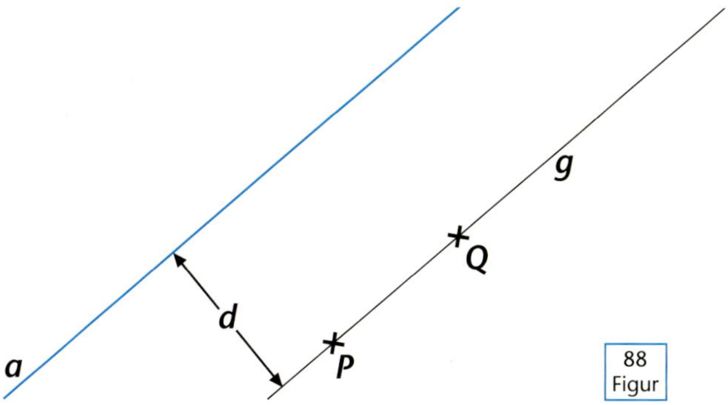


88 Figur

Folgerung:

➡ Wenn die Gerade *g* und die Achse *a* den Abstand $d = 2$ cm haben, so haben auch die Bildgerade $g'$ und die Achse *a* den Abstand $d' =$ .......... cm. Also haben die Gerade *g* und die Bildgerade $g'$ den Abstand .......... $d =$ .......... cm.

## Fall 2 $g \nparallel a$

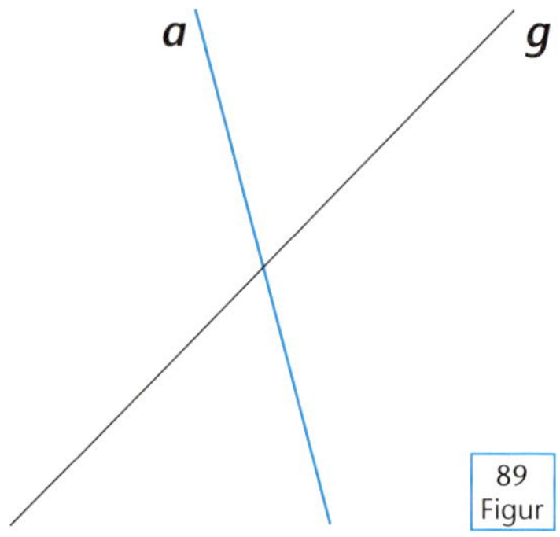


89 Figur

Wieder ist $g'$ gesucht. Um $g'$ zeichnen zu können, brauchen wir wieder zwei Punkte.

Den Schnittpunkt der Geraden $g$ und der Achse $a$ nennen wir $S$.
Behauptung:
Die Bildgerade $g'$ geht ebenfalls durch $S$. – Warum?

Da bei der Achsenspiegelung alle Punkte der Achse ……………… punkte sind, ist auch der Punkt $S$ ein ……………… punkt. Das heißt: $S = S'$

Damit kennen wir bereits einen Punkt, der auf $g'$ liegt. Damit wir das Lineal anlegen können um $g'$ zu zeichnen, benötigen wir einen weiteren Punkt. In der nächsten Zeichnung ist ein beliebiger Punkt $R$ auf $g$ gewählt:

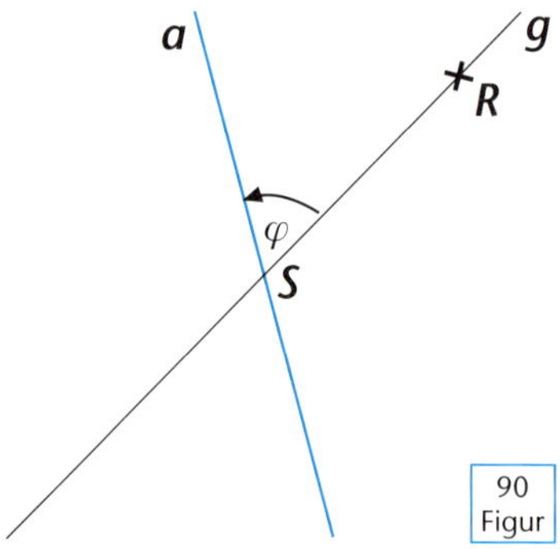


90 Figur

Konstruiere den Bildpunkt $R'$ und zeichne die Bildgerade $g'$ durch die Punkte $R'$ und ………… .

In der obigen Zeichnung ist $\varphi$ das Maß bzw. die Größe des Schnittwinkels von $g$ und $a$. Wenn du $g'$ konstruiert und gezeichnet hast, hast du gleichzeitig auch einen Winkel konstruiert, der doppelt so groß ist wie $\varphi$. Zeichne den Winkel mit dem Maß $2\varphi$ als Kreisbogen mit Pfeil ein.

Folgerung:

➡ Der Winkel zwischen der Geraden $g$ und ihrer Bildgeraden $g'$ wird von der Achse $a$ …………………………………… .

**Fall 3** $g \perp a$

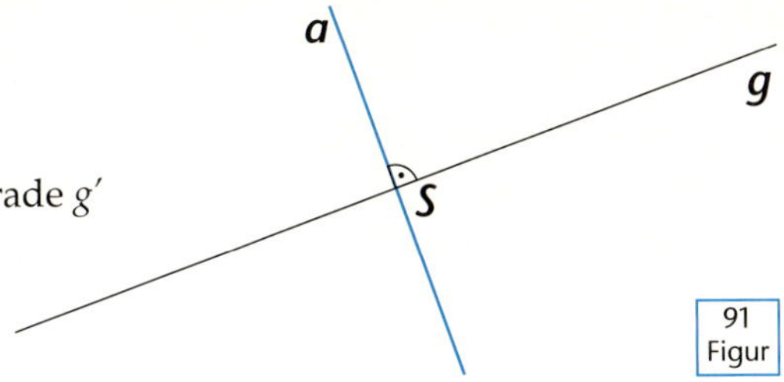


91 Figur

Wieder ist $g'$ gesucht.
Auf jeden Fall verläuft die Gerade $g'$ durch den Punkt .......... .

Die Bestimmung eines zweiten Punktes ist in diesem Fall sehr einfach: Wähle dir einen beliebigen Punkt $T$ auf $g$ und zeichne $T'$ mit $T \overset{a}{\longmapsto} T'$.

Wenn du sorgfältig gezeichnet hast, kannst du sicher feststellen, dass der Punkt $T'$ wieder auf der .............................................. liegt, und zwar liegt $T'$ .......................... weit entfernt von $S$ wie .......... .

Für die beiden Geraden $g$ und $g'$ gilt in diesem Fall also $g$ .......... $g'$!

Folgerungen:

➡ Jeder Punkt auf $g$ wechselt bei der Spiegelung an $a$ zwar seine Lage, sein Bildpunkt liegt jedoch wieder auf .............. . Damit ist nur der Punkt .............. ein Fixpunkt.

➡ Alle Geraden, die auf der Achse .................................... stehen, werden bei der Achsenspiegelung auf sich selbst abgebildet.

Alle Geraden, die bei einer Abbildung auf sich selbst abgebildet werden, heißen **Fixgeraden**.

> In der letzten Zeichnung gilt:
>
> Die *beiden* Geraden $a$ und $g$ sind jeweils *Fixgeraden*!
>
> Aber *nur* die Gerade .............. ist eine *Fixpunktgerade*!

## Aufgabe B5

In dieser Aufgabe sollst du an der Achse $a$ drei verschiedene Geraden spiegeln. Zeichne im Zeichnungsteil in Figur 92 die Achse $a$ ein, die durch die beiden Punkte $X\ (-3|8)$ und $Y\ (4|-6)$ hindurchgeht.

a) Zeichne die Gerade $AB$ sowie ihr Spiegelbild mit $A\ (-4|0)$ und $B\ (5|-3)$.

b) Zeichne die Gerade $CD$ sowie ihr Spiegelbild mit $C\ (-3|3)$ und $D\ (2|-7)$.

c) Zeichne die Gerade $EF$ sowie ihr Spiegelbild mit $E\ (-1|-6)$ und $F\ (9|-1)$.

## Aufgaben

Überlege und ergänze:

**B6** In der Aufgabe B 5 gilt: Die beiden Geraden …… und …… sind jeweils Fixgeraden. Aber nur die Gerade …… ist eine Fixpunktgerade.

**B7** Zeichne in die Figuren die Symmetrieachsen gestrichelt ein und trage darunter ein, wie viele Symmetrieachsen (0, 1, 2, 3, unendlich) die Figur jeweils besitzt.

a) Quadrat

93a Figur

Es gibt …… Symmetrieachse/$n$.

b) Rechteck

93b Figur

Es gibt …… Symmetrieachse/$n$.

c) Raute

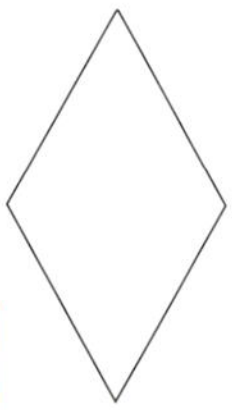

94a Figur

Es gibt …… Symmetrieachse/$n$.

d) Parallelogramm

94b Figur

Es gibt …… Symmetrieachse/$n$.

e) gleichschenkliges Trapez

95a Figur

Es gibt ........ Symmetrieachse/*n*.

f) Drachen

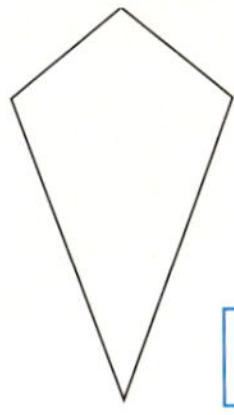

95b Figur

Es gibt ........ Symmetrieachse/*n*.

g) Kreis

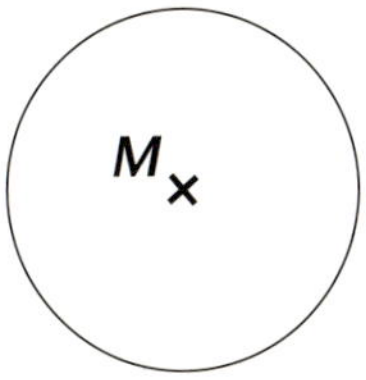


96 Figur

Es gibt ............................ Symmetrieachse/*n*.

h) gleichseitiges Dreieck

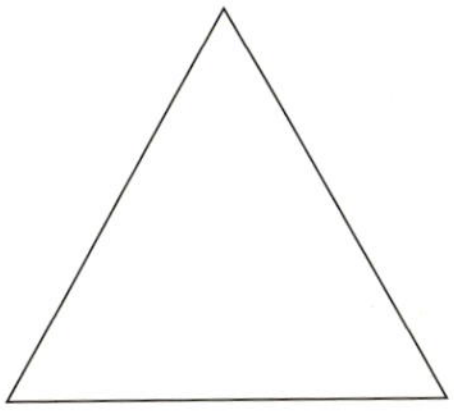

97a Figur

Es gibt ........ Symmetrieachse/*n*.

i) gleichschenkliges Dreieck

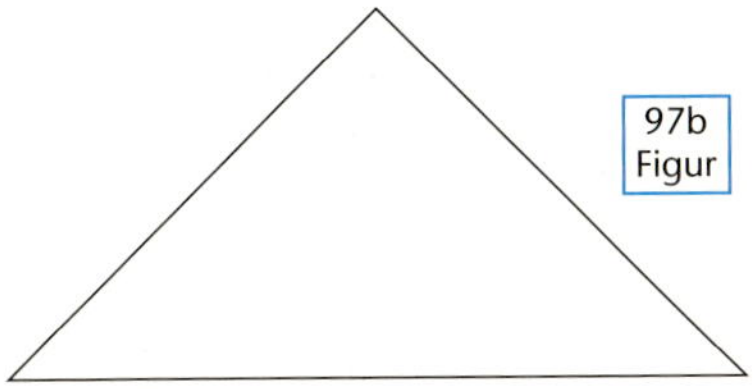

97b Figur

Es gibt ........ Symmetrieachse/*n*.

j) rechtwinkliges Dreieck

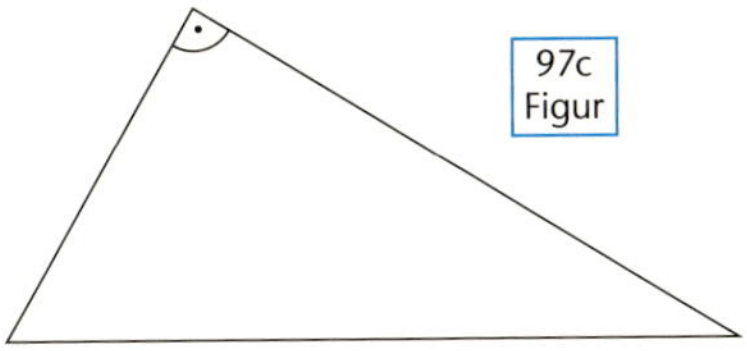

97c Figur

Es gibt ........ Symmetrieachse/*n*.

C

# Grundkonstruktionen

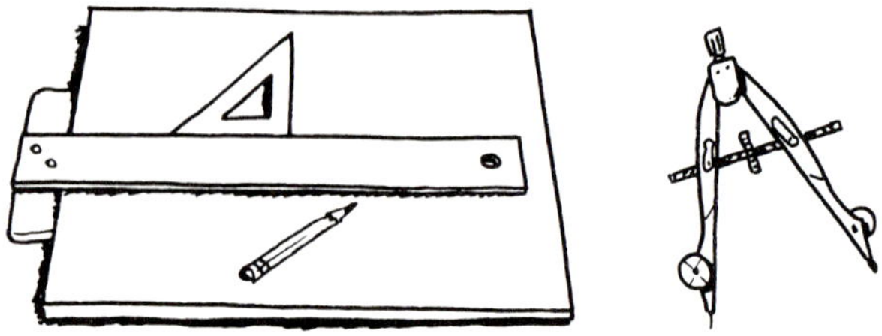

Alle Konstruktionen, die du jetzt kennen lernen wirst, beruhen auf den Erkenntnissen, die du aus der Achsenspiegelung gewonnen hast.

## 1. Symmetrieachse und Mittelpunkt einer Strecke konstruieren

Die Aufgabenstellung lautet:

Konstruiere zu zwei gegebenen Punkten $P$ und $Q$ die Symmetrieachse $a$, sodass gilt:

$$P \overset{a}{\longmapsto} Q$$

98a Figur

Bei der Lösung dieser Aufgabe nutzen wir die Feststellung von Abschnitt B2, dass Punkt und Bildpunkt von jedem Punkt auf der Symmetrieachse jeweils gleich weit entfernt sind.

Zeichne also um $P$ einen Kreis (mit „genügend großem" Radius)

98b Figur

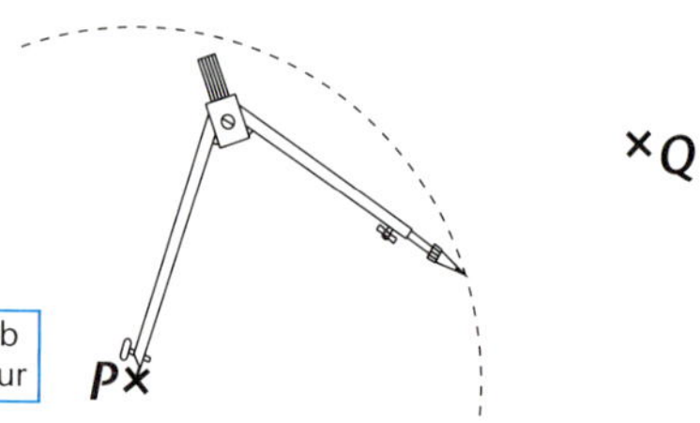

und zeichne um $Q$ einen Kreis mit *demselben* Radius.

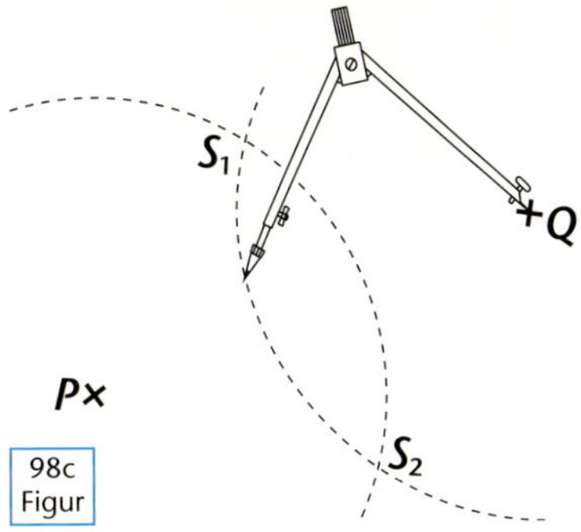

98c Figur

Die beiden Schnittpunkte $S_1$ und $S_2$ liegen jeweils gleich weit von $P$ und $Q$ entfernt und legen so die gesuchte Symmetrieachse $a$ fest. Zeichne $a$ mit Farbe ein.

Überlege:
Damit sich die beiden Kreise um $P$ und $Q$ auch schneiden, muss ihr Radius größer sein als .................................................... der Strecke $[PQ]$.

Aufgabe C 1

Konstruiere im Zeichnungsteil in Figur 99 die Symmetrieachse $a$ zu den gegebenen Punkten $A$ und $B$, sodass gilt:

$A \xmapsto{a} B$

Verbinde nun die beiden Punkte $A$ und $B$ durch die Strecke $[AB]$ und ergänze:

- Die Gerade $a$ trifft auf die Strecke $[AB]$ genau in der .................................... und
- die Gerade $a$ und die Strecke $[AB]$ stehen ............................................ aufeinander.

Die konstruierte Symmetrieachse $a$ zu den Punkten $A$ und $B$ heißt deshalb auch **Mittelsenkrechte** der Strecke $[AB]$.

➡ Durch den Schnittpunkt der Geraden $a$ mit der Strecke $[AB]$ hast du gleichzeitig auch den **Mittelpunkt der Strecke** $[AB]$ konstruiert. Bezeichne diesen Punkt in der Figur 99 mit $M$.

## 2. Senkrechte errichten

Die Aufgabenstellung lautet:

Konstruiere im Punkt $P$, der auf der Geraden $g$ liegt, eine Senkrechte.

In Kurzschreibweise:
Gegeben: $g$ und $P$ mit $P \in g$
Gesucht: $h$ mit $P \in h$ und $h \perp g$

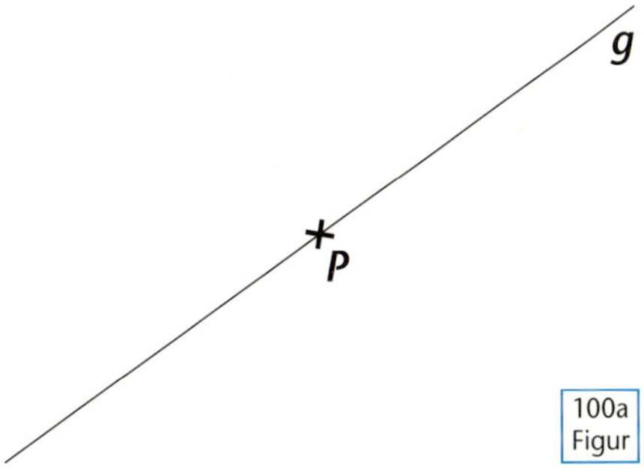

100a Figur

Wenn du dir zwei Punkte $A$ und $B$ auf der Geraden suchst, die von $P$ gleich weit entfernt sind,

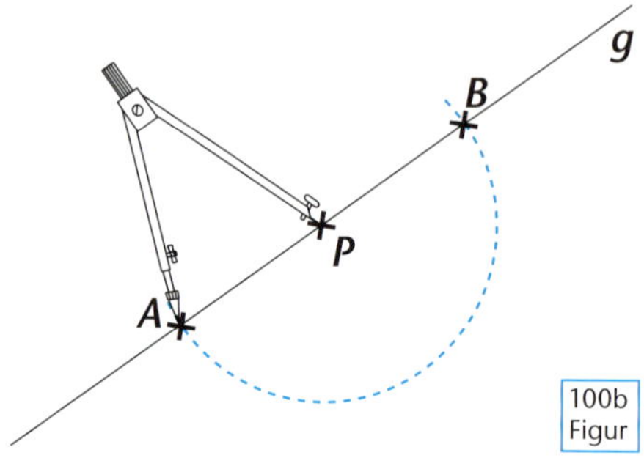


100b Figur

kannst du dir sicher denken, wie die Konstruktion weitergeht. Denn nun lautet die Aufgabe nur noch: Errichte die Mittelsenkrechte $h$ zu $[AB]$.

Führe die Konstruktion durch.

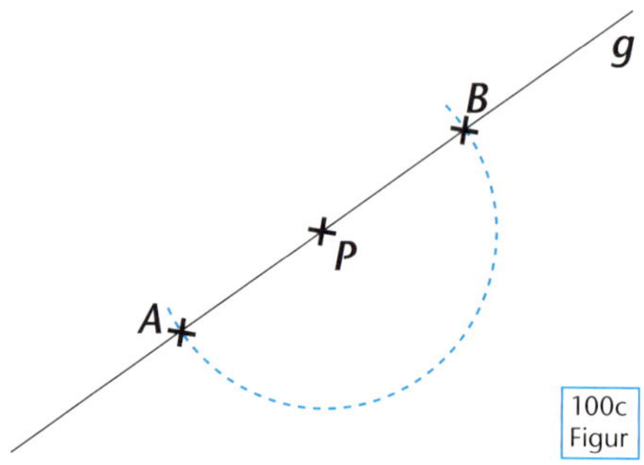


100c Figur

## 3. Lot fällen und Abstand bestimmen

Die Aufgabenstellung lautet:

Konstruiere das Lot vom Punkt $P$ auf die Gerade $g$.

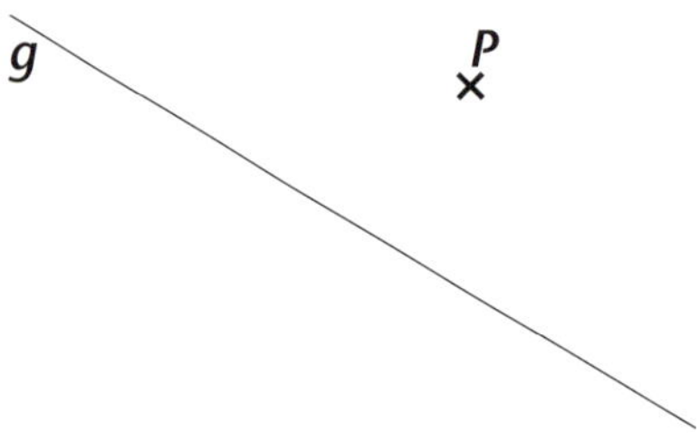


101a Figur

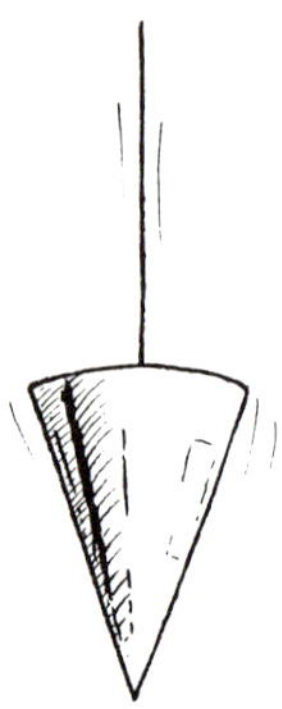

Im Abschnitt A4 wurde der Begriff „Lot" eingeführt: Es ist die Gerade durch $P$, die senkrecht auf $g$ steht. Du suchst also wieder eine Gerade $h$, die durch $P$ hindurchgeht und senkrecht auf $g$ steht.

In Kurzschreibweise: Gegeben: $P$ und $g$
Gesucht: $h$ mit $P \in h$ und $g \perp h$

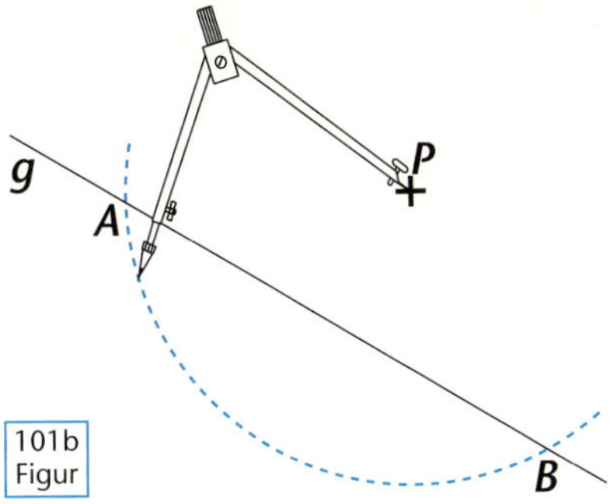


101b
Figur

Wenn du dir wieder zwei Punkte $A$ und $B$ auf der Geraden suchst, die von $P$ gleich weit entfernt sind, kannst du dir sicher denken, wie die Konstruktion weitergeht. Denn auch hier lautet die Aufgabenstellung nun:

Errichte die Mittelsenkrechte $h$ zu $[AB]$.

Führe die Konstruktion im Zeichnungsteil an Figur 101c durch!

Das gesuchte Lot ist die Mittelsenkrechte $h$ zur Strecke $[AB]$. Bezeichne den Schnittpunkt der Geraden $g$ und der Geraden $h$ mit $F$, dann gilt:

Der **Abstand** $d$ von $P$ zu $g$ ist die Länge der konstruierten Strecke $[PF]$, kurz: $d = \overline{PF}$.

Zeichne das Lot in deine Konstruktion farbig ein.

Bei der Aufgabe „Konstruiere das Lot vom Punkt *P* auf die Gerade *g*" unterscheidet man zwei Formulierungen:

Man spricht von **Lot fällen**, wenn der Punkt *P* *außerhalb* der Geraden *g* liegt, und man spricht von **Lot errichten**, wenn der Punkt *P* *auf* der Geraden *g* liegt.

Aufgabe C2

Gegeben sind die Gerade $g = ST$ mit $S\ (0|-2{,}5)$ und $T\ (6|2)$ und der Punkt $P\ (-1|3)$. Fälle in Figur 102 im Zeichnungsteil das Lot von $P$ auf $g$ und miss den Abstand $d$ des Punktes $P$ von der Geraden $g$.

# 4. Parallele konstruieren

Die Aufgabenstellung lautet:

Konstruiere die Parallele *h* zur Geraden *g* durch den Punkt *P*.

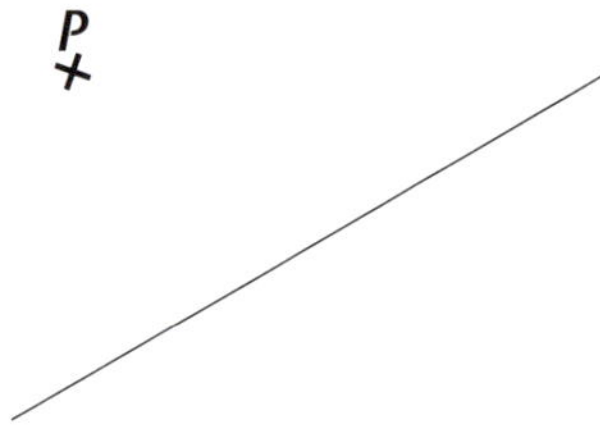


103a Figur

Diese Aufgabe ist eine Kombination aus den beiden vorausgegangenen Grundkonstruktionen.

- Zuerst muss das Lot *l* von *P* auf *g* gefällt werden – dazu brauchst du die beiden Hilfspunkte *A* und *B* auf der Geraden *g*.

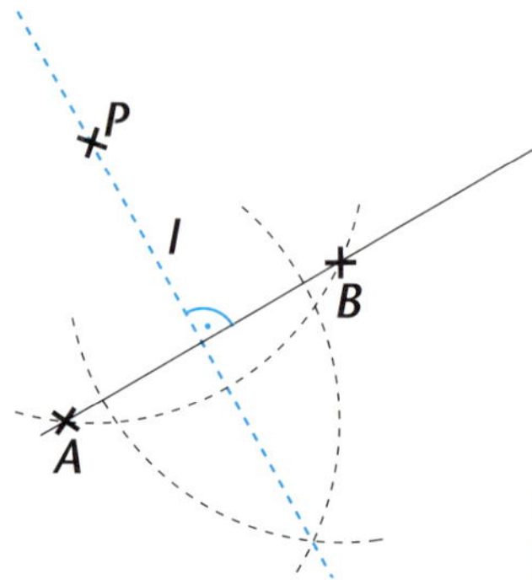


103b Figur

- Anschließend muss in *P* die Senkrechte zu *l* errichtet werden – dazu brauchst du die Hilfspunkte *C* und *D* auf dem Lot *l*.

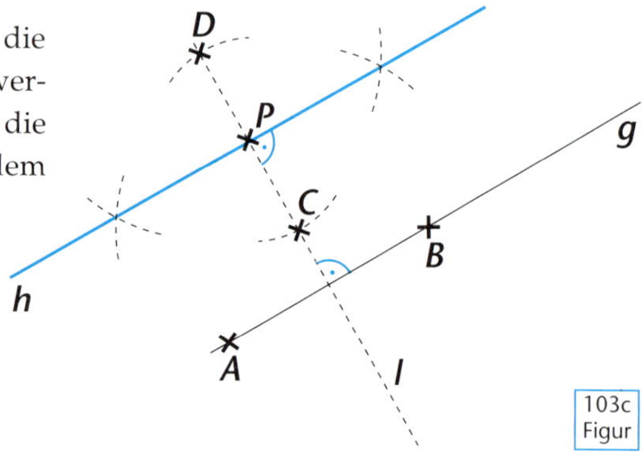


103c Figur

**Aufgabe C3** *Konstruiere* im Zeichnungsteil in Figur 104 die Parallele *a* zur Geraden *b* durch den Punkt *A*.

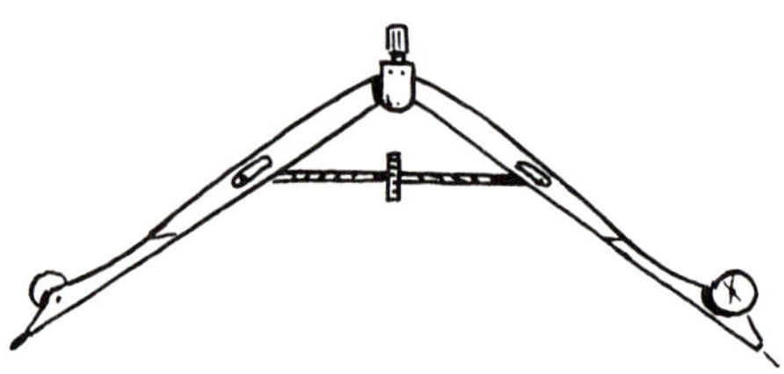

# 5. Winkelkonstruktionen

## 5.1 Winkelverdoppelung

Die Aufgabenstellung lautet:

Konstruiere einen Winkel, der doppelt so groß ist wie der gebene Winkel $\varphi$.

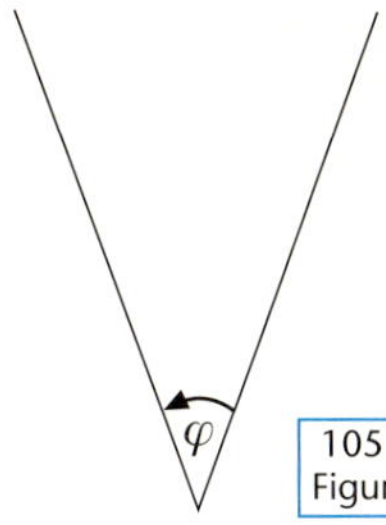


105 Figur

Erinnere dich an das Problem aus Abschnitt B3, Fall 2:
Dort sollte eine Gerade, die die Achse schneidet, an der Achse gespiegelt werden. Nebenbei hast du dort auch erfahren, dass die Gerade mit ihrem Bild einen Winkel einschließt, der ........................................ so groß ist wie der Winkel zwischen Gerade und Achse.

Zum Verdoppeln eines Winkels kannst du also den einen Schenkel als Achse auffassen und den anderen Schenkel als Halbgerade, die an dieser Achse gespiegelt werden soll. Wähle dazu auf einem Schenkel des Winkels einen Punkt und spiegele diesen am anderen Schenkel.

**Möglichkeit 1**

Konstruiere $P'$ mit $P \in h$ und $P \xmapsto{g} P'$.

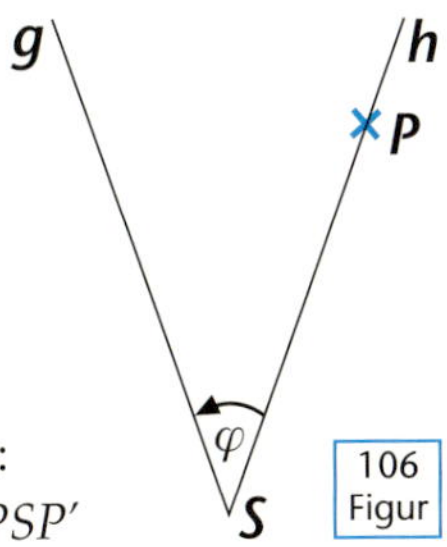


106 Figur

Ergebnis:
$2\,\varphi = \sphericalangle PSP'$

**Möglichkeit 2**

Konstruiere $R'$ mit $R \in g$ und $R \xmapsto{h} R'$.

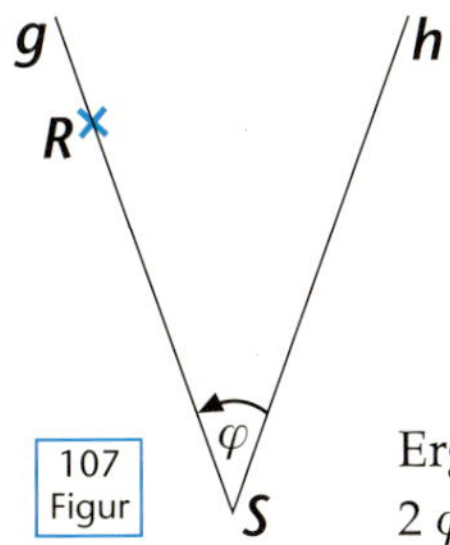


107 Figur

Ergebnis:
$2\,\varphi = \sphericalangle$ ............... !

## 5.2 Winkelhalbierung

Die Aufgabenstellung lautet:

Konstruiere einen Winkel, der halb so groß ist wie der gegebene Winkel $\varphi$ in Figur 108.

Du kannst die Aufgabe auch so lesen:
Konstruiere die Symmetrieachse $a$ zu den Halbgeraden $g$ und $h$ mit $g \xmapsto{a} h$.

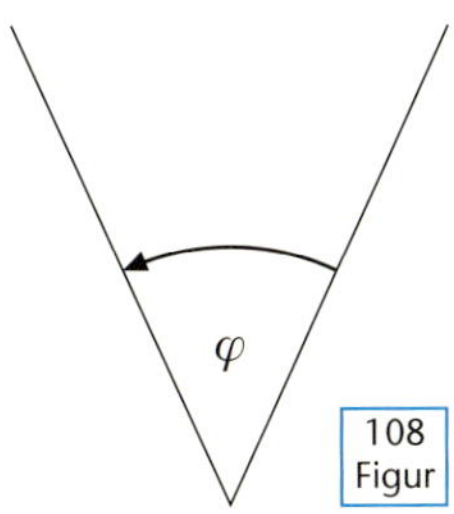


108 Figur

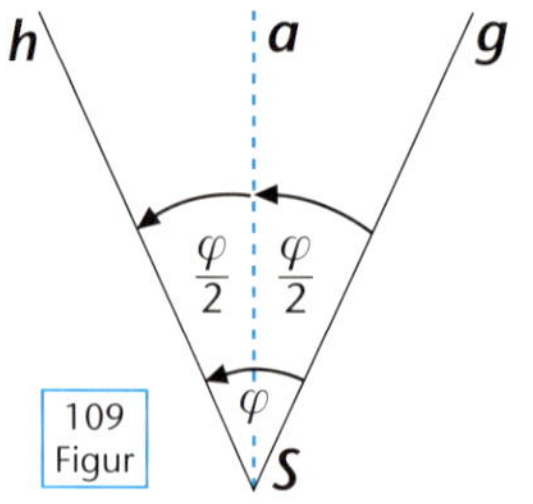


109 Figur

Klar ist, dass die Achse $a$ durch den gemeinsamen Punkt $S$ der Halbgeraden gehen muss. Dieser ist gleichzeitig Scheitel des Winkels $\varphi$. Wir suchen noch einen zweiten Punkt der Achse $a$ und dafür greifen wir auf schon Bekanntes zurück:

Finde zwei Punkte $A$ und $B$, mit $A \in g$ und $B \in h$, die symmetrisch zueinander liegen, mit $A \stackrel{a}{\longmapsto} B$.

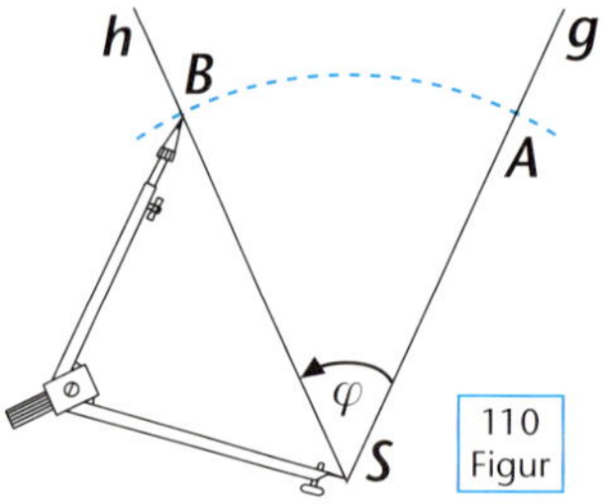


110 Figur

Solche Eigenschaften besitzen alle Punkte, für die gilt: $A$ und $B$ liegen auf einem Kreis um $S$ und auf $g$ und $h$.
Der Radius des Kreises ist beliebig – wichtig ist, dass $A$ und $B$ gleich weit entfernt sind von $S$.

Konstruiere nun in Figur 111 im Zeichnungsteil den Mittelpunkt $M$ der Strecke $[AB]$ und schon hast du die Aufgabenstellung gelöst!

**Aufgabe C4**

Konstruiere im Zeichnungsteil in Figur 112 die Winkelhalbierende zu $\sphericalangle RQP$ mit $R\,(5|4)$, $Q\,(-1|4)$ und $P\,(-2|1)$.

Überlege genau, welcher Winkel hier halbiert werden soll, und mache dir dazu die folgenden Zusammenhänge zunutze:

- Die Halbierung eines überstumpfen Winkels läuft genauso wie die Halbierung eines kleineren Winkels, der ihn zu 360° ergänzt.
- Die Verlängerung der Winkelhalbierenden des $\sphericalangle RQP$ halbiert den $\sphericalangle PQR$ und umgekehrt!

## 5.3 Winkelübertragung

Die Aufgabenstellung lautet: Konstruiere den zweiten Schenkel $h_1$ so, dass ein Winkel $(g_1; h_1)$ entsteht, der kongruent ist zu einem gegebenen Winkel $\varphi$.

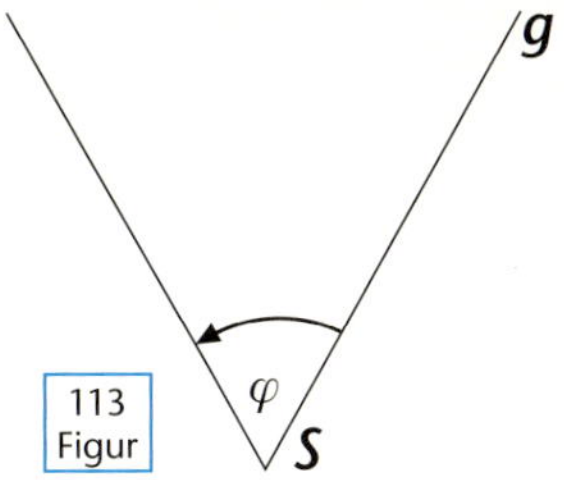


113 Figur

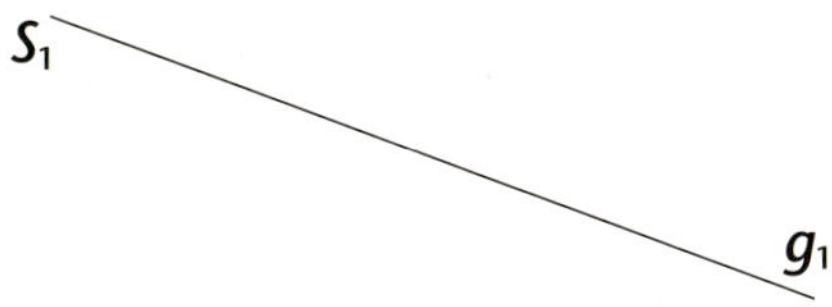


$h_1$ ist gesucht und es soll gelten: $\sphericalangle (g_1; h_1) = \varphi$. $h_1$ verläuft auf jeden Fall durch $S_1$ – einen Punkt von $h_1$ kennen wir also schon. Wir suchen noch einen weiteren Punkt $B_1$, der auf $h_1$ liegt:
Zeichne einen Kreis um $S$ mit beliebigem Radius $r$ und zeichne um $S_1$ einen Kreis mit *demselben* Radius $r$.

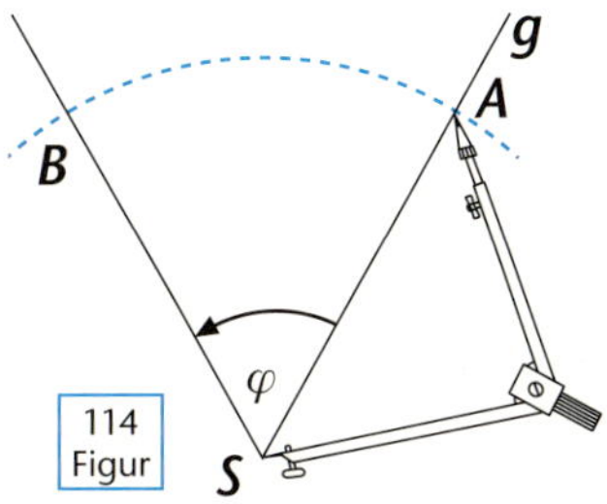


114 Figur

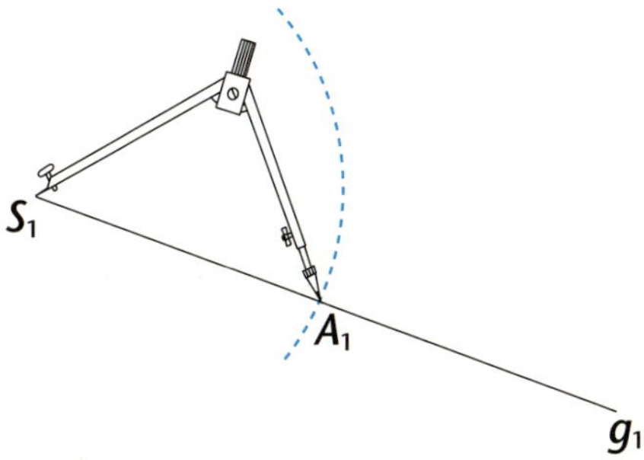


Nenne die Schnittpunkte $A$, $B$ und $A_1$. (Da der gesuchte Winkel kongruent sein soll zu $\sphericalangle ASB$, konstruieren wir eine kongruente Figur.)

Der gesuchte Punkt $B_1$ liegt auf dem soeben gekennzeichneten Kreis und außerdem muss für ihn gelten: $\overline{AB} = \overline{A_1B_1}$
$B_1$ hat von $A_1$ also eine Entfernung, die genau der Entfernung $\overline{AB}$ entspricht. Wir ziehen daher um $A_1$ einen Kreis mit Radius $\overline{AB}$ so, dass er den zuerst gezeichneten Kreis um $S_1$ schneidet. Wir wissen: $B_1$ muss auf beiden Kreisen gleichzeitig liegen – und das kann nur für ihren Schnittpunkt der Fall sein!

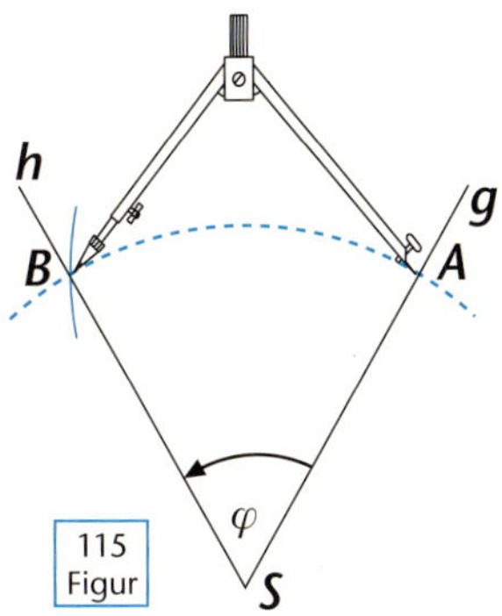


115 Figur

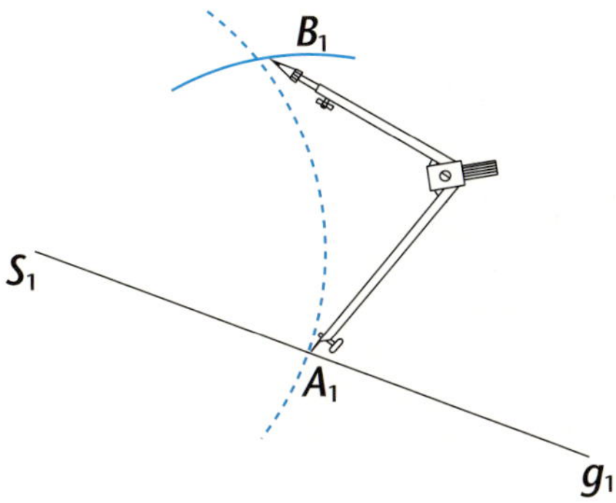


Verbinde in der obigen Zeichnung $S_1$ und $B_1$ und kennzeichne auch den $\sphericalangle A_1S_1B_1$ mit $\varphi$.

**Aufgabe C 5** Übertrage den Winkel $\varphi$ in Figur 116 im Zeichnungsteil so, dass $g_1$ der erste Schenkel und $S_1$ der Scheitel ist.

## 6. Anwendung des Geodreiecks

Damit hast du die wichtigsten Grundkonstruktionen kennen gelernt, die alle auf Streckenhalbierung und Streckenübertragung hinauslaufen.

Diese Grundkonstruktionen kannst du aber auch leicht mit dem Geodreieck lösen. Das ist immer dann „zulässig“, wenn nicht ausdrücklich eine Konstruktion verlangt ist.

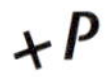


117 Figur

**Symmetrieachse zeichnen**

zu zwei Punkten $P$ und $Q$.

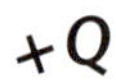


Verbinde $P$ und $Q$ und zeichne den Mittelpunkt $M$ der Strecke $[PQ]$ ein.

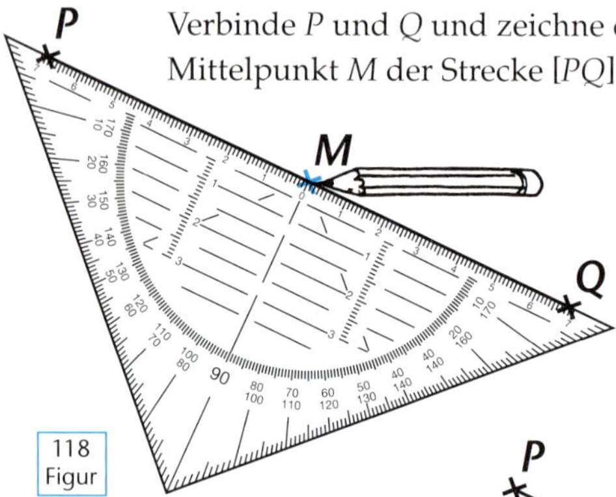


118 Figur

Nun drehe das Geodreieck um $M$, bis du die Senkrechte durch $M$ zeichnen kannst:

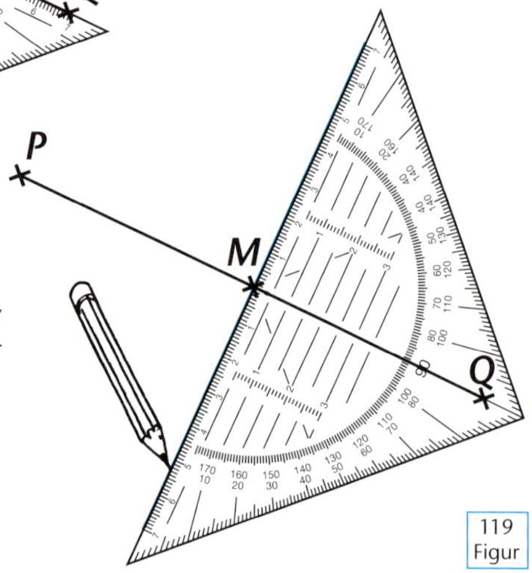


119 Figur

**Senkrechte zeichnen**

im Punkt $P$ zur Geraden $g$: vergleiche Seite 25.

**Lot fällen** bzw. **Abstand bestimmen**

vom Punkt $P$ zur Geraden $g$: vergleiche Seite 26.

**Parallele zeichnen**

zur Geraden *g* durch den Punkt *P*: vergleiche Seite 16.

**Winkelverdoppelung**

Durch die Winkeleinteilung am Geodreieck ist es leicht, einen vorgegebenen Winkel zu verdoppeln. Dabei musst du den abgelesenen Wert nur im Kopf mit 2 multiplizieren und diesen neuen Winkel antragen.

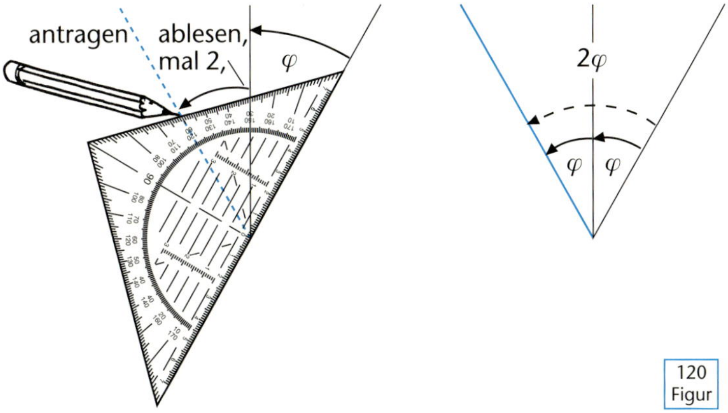


120
Figur

**Winkelhalbierung**

wieder musst du „kopfrechnen“: Teile den abgelesenen Wert durch 2 und markiere diesen Wert.

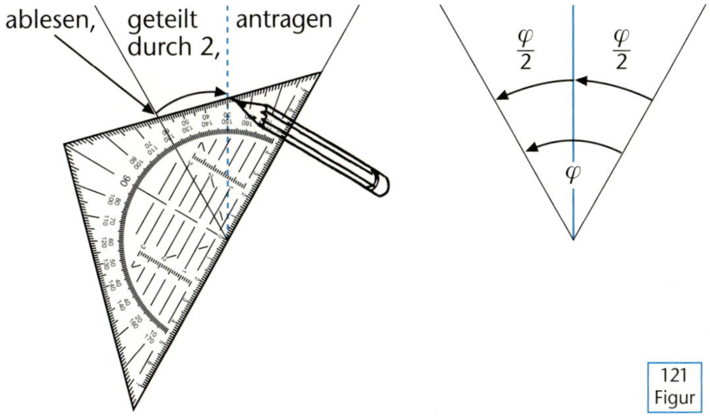


121
Figur

**Winkelübertragung**

Wenn du den kongruenten Winkel nicht konstruieren, sondern „nur“ zeichnen sollst, musst du den vorgegebenen Winkel nur abmessen und ihn dann am neuen Scheitel antragen.

# D

# Punktspiegelung

In diesem Kapitel lernst du eine neue Abbildung kennen, die dadurch entsteht, dass *zwei* Achsenspiegelungen hintereinander ausgeführt werden. Du sollst dann die Eigenschaften dieser zusammengesetzten Abbildung erkennen. Damit kannst du die relativ umständliche „Doppelspiegelung" ersetzen durch eine einfachere „Ersatzabbildung".

## 1. Abbildungseigenschaften

Problem:

Gegeben sind zwei Achsen $a_1$ und $a_2$, die senkrecht aufeinander stehen, und ein Dreieck. Dieses Dreieck sollst du zuerst an $a_1$ spiegeln und das entstandene Bilddreieck anschließend an $a_2$ spiegeln.

Bei den Zusammenhängen, die du in diesem Abschnitt erkennen sollst, würden Konstruktionslinien nur ablenken. Deshalb wurden in der Figur 122 die Eckpunkte der Dreiecke genau auf Karopunkte gelegt. So kannst du die Bilddreiecke auch ohne Konstruktionslinien leicht einzeichnen.

Schritt 1

Spiegele $\triangle ABC$ an $a_1$
mit $A \xmapsto{a_1} A_1$ und $B \xmapsto{a_1} B_1$
und $C \xmapsto{a_1} C_1$.
(kurz: $\triangle ABC \xmapsto{a_1} \triangle A_1B_1C_1$)

Zeichne $\triangle A_1B_1C_1$ mit gestrichelten Linien ein.

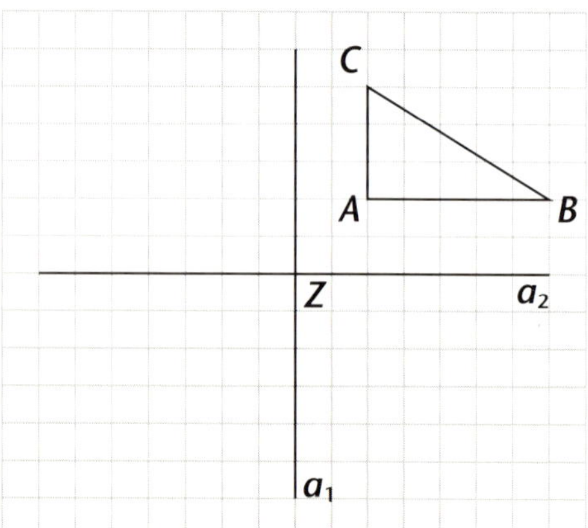


122a
Figur

Schritt 2

Spiegele $\triangle A_1B_1C_1$ an $a_2$ mit $A \overset{a_2}{\longmapsto} A'$ und $B_1 \overset{a_2}{\longmapsto} B'$ und $C_1 \overset{a_2}{\longmapsto} C'$.
(kurz: $\triangle A_1B_1C_1 \overset{a_2}{\longmapsto} \triangle A'B'C'$)

Zeichne $\triangle A'B'C'$ farbig ein.

122b Figur

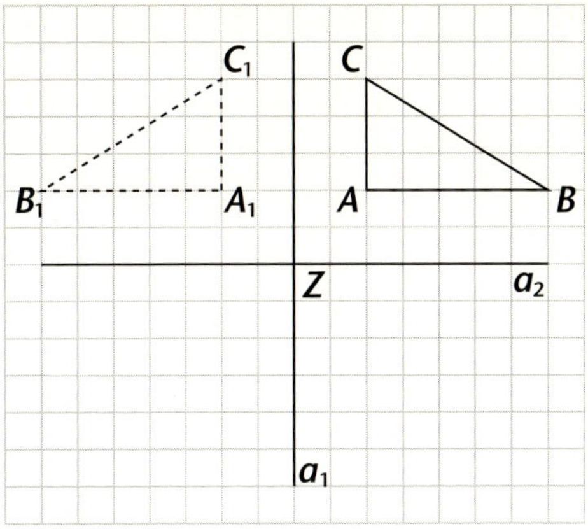


Insgesamt wurde jetzt das $\triangle ABC$ durch die Doppelspiegelung auf das $\triangle A'B'C'$ abgebildet. Verbinde nun jeweils gestrichelt die Urbildpunkte mit ihren entsprechenden (End-)Bildpunkten, also zum Beispiel $A$ mit $A'$.

Führe dieselbe Doppelspiegelung noch einmal durch – jetzt aber mit vertauschter Reihenfolge der Achsen:

Schritt I

Spiegele also $\triangle ABC$ zuerst an $a_2$ und finde so $\triangle A_2B_2C_2$ (gestrichelt) und

Schritt II

spiegele anschließend $\triangle A_2B_2C_2$ an $a_1$ und finde so $\triangle A^*B^*C^*$ (in Farbe).

122c Figur

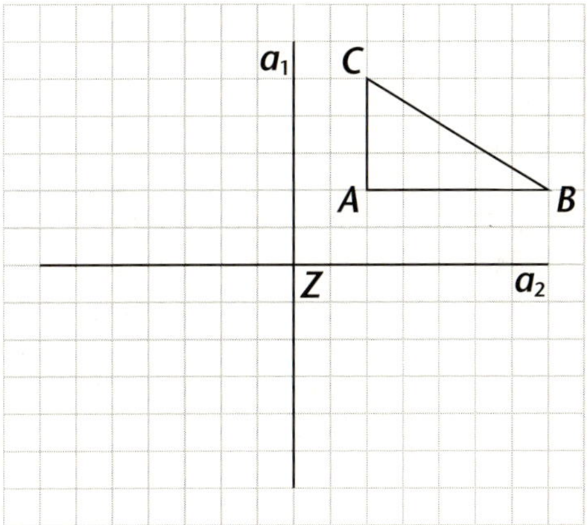


Verbinde wieder gestrichelt die Urbildpunkte mit ihren entsprechenden (End-)Bildpunkten.

Ergebnis

Bei der Doppelspiegelung an zwei senkrecht aufeinander stehenden Achsen stimmen die beiden (End-)Bilddreiecke $\triangle A'B'C'$ und $\triangle A^*B^*C^*$ überein, wenn man die Reihenfolge der Achsen vertauscht.

Betrachte nun in den letzten Zeichnungen jeweils die beiden Dreiecke $\triangle ABC$ und $\triangle A'B'C'$ bzw. $\triangle A^*B^*C^*$ und trage die **Abbildungseigenschaften** dieser Doppelspiegelung zusammen:

- Strecke und zugehörige Bildstrecke verlaufen ………………………… zueinander (zum Beispiel $[AB] \parallel [A'B']$).
- Alle Verbindungsstrecken von Punkt und zugehörigem Bildpunkt gehen durch den …………………………punkt der beiden Spiegelachsen.
- Alle Verbindungsstrecken von Punkt und zugehörigem Bildpunkt werden vom Schnittpunkt der Spiegelachsen …………………………….

Diese Doppelachsenspiegelung an zwei senkrecht aufeinander stehenden Achsen heißt auch **Punktspiegelung**, weil jeder Punkt und der zugehörige Bildpunkt jeweils symmetrisch zum Schnittpunkt der beiden Achsen – dem sogenannten **Zentrum** – liegen.

## 2. Durchführung mit dem Geodreieck

Wegen ihrer Eigenschaften lässt sich die Punktspiegelung mit dem Geodreieck besonders leicht durchführen.

Wenn der Schnittpunkt der Achsen gegeben ist und ein Punkt $P$,

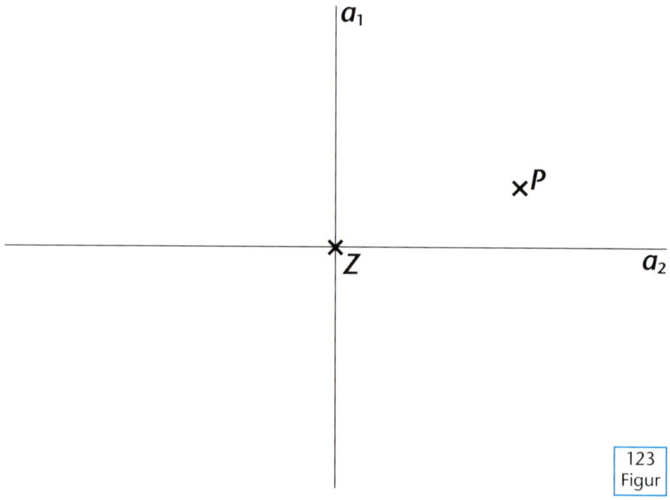


so genügt es, wenn du das Geodreieck so anlegst, dass die lange Seite durch $Z$ und $P$ hindurch geht und der Nullpunkt auf $Z$ liegt.

Den Punkt $P$ bzw. $P'$ markierst du symmetrisch zu $Z$ – so spiegelst du den Punkt $P$ am Zentrum $Z$.

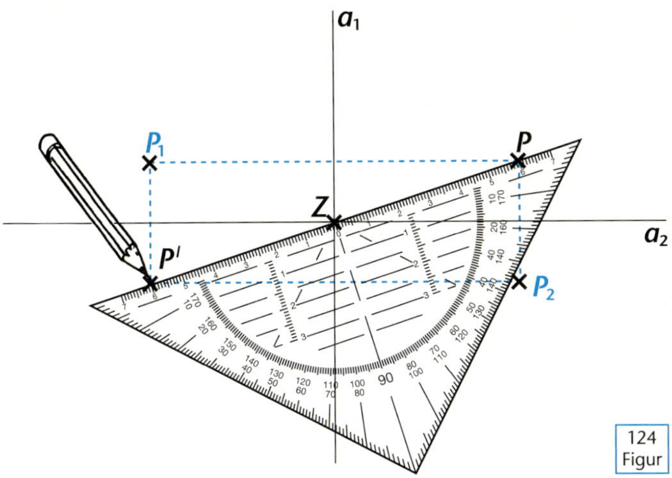


124
Figur

Damit lässt sich die Abbildung so beschreiben:

Einer Doppelspiegelung an zwei senkrecht aufeinander stehenden Achsen entspricht als Ersatzabbildung eine Punktspiegelung. Jeder Punkt wird am Achsenschnittpunkt $Z$ gespiegelt.

Statt die Abbildung umständlich als Doppelspiegelung so zu schreiben:

$P \xmapsto{a_1} P_1 \xmapsto{a_2} P'$,

lautet die Kurzschreibweise für die Punktspiegelung:

$P \xmapsto{Z} P'$

Es genügt die Angabe des Zentrums, um zu jedem Punkt den Bildpunkt zu bestimmen.

## Aufgaben

**D1**

Spiegele in Figur 125 im Zeichnungsteil das $\triangle ABC$ am Zentrum $Z$ und zeichne das $\triangle A'B'C'$. ($\triangle ABC \xmapsto{Z} \triangle A'B'C'$)

**D2**

Erkenne aus der Figur 125 wichtige **Abbildungseigenschaften:**

a) Strecke und Bildstrecke verlaufen .................................. zueinander.

b) Da die Strecken und ihre Bildstrecken ........................ lang und die entsprechenden Winkel ........................ groß sind, sind die beiden Dreiecke ............... ........................... zueinander ($\triangle ABC \cong \triangle A'B'C'$).

c) Bei der Punktspiegelung *ändert sich der Drehsinn / bleibt der Drehsinn erhalten.*

**D3**

Spiegele im Zeichnungsteil die Geraden in Figur 126 und Figur 127 jeweils am Zentrum $Z$.

Falls ein Punkt $P$ und das Zentrum $Z$ gegeben sind, kannst du den zugehörigen Bildpunkt $P'$ auch leicht *konstruieren* – also ohne das Geodreieck zu verwenden.

Führe die Konstruktion in folgenden Schritten durch:

128
Figur

1. Verlängere $[PZ]$ über $Z$ hinaus.
2. Zeichne Kreis um $Z$ mit Radius ............ .
3. Nenne den zweiten Schnittpunkt des Kreises mit der Geraden $P'$.
   In der Mengenschreibweise lautet diese Anweisung:
   $\{P; P'\} = k\,(Z; r = \overline{PZ}\,) \cap PZ$

Für die Fixpunkte, die Fixpunktgeraden und die Fixgeraden (zusammen sind dies die **Fixelemente**) gilt:

- Die Punktspiegelung am Zentrum $Z$ besitzt nur ........................ **Fixpunkt,** dies ist das .................................... .
- Da die Punktspiegelung nur das Zentrum $Z$ als einzigen Fixpunkt hat, gibt es ........................ **Fixpunktgeraden.**
- Alle Geraden, die durch das Zentrum verlaufen, sind .................................... .

## 3. Konstruktion des Zentrums

In den Aufgaben kommt es auch vor, dass Urbild und Bild gegeben sind, aber das Zentrum $Z$ gesucht ist.

Beispiel

Falls ein Punkt und sein Bildpunkt gegeben sind, kannst du leicht das Zentrum der zugehörigen Punktspiegelung finden. Zeichne $Z$ in Figur 129 ein, mit $P \stackrel{Z}{\longmapsto} P'$.

129
Figur

Das Zentrum ist genau der .................... punkt der Strecke $[PP']$.

Falls eine Strecke und ihre Bildstrecke gegeben sind, kannst du das Zentrum der zugehörigen Punktspiegelung ohne Zirkel konstruieren:

Denn $Z$ liegt sowohl auf der Strecke $[AA']$ als auch auf der Strecke ............... . Verbinde also die zusammengehörigen Punkte und schon hast du das Zentrum konstruiert.

Beispiel

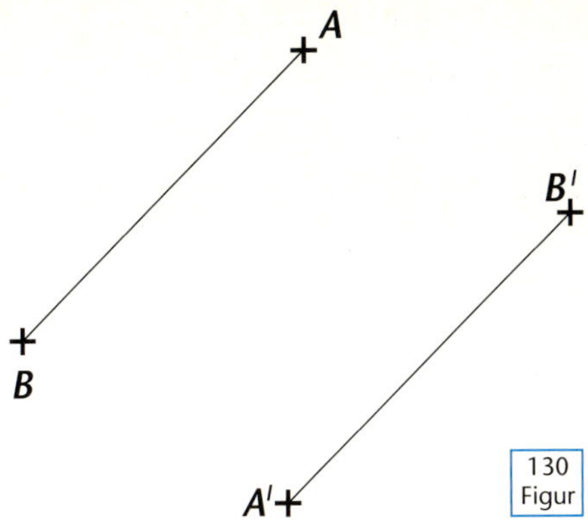


130 Figur

Falls zu einem Dreieck nur zwei der zugehörigen Bildpunkte gegeben sind, kannst du sowohl das Zentrum als auch den dritten Bildpunkt bestimmen.

Beispiel

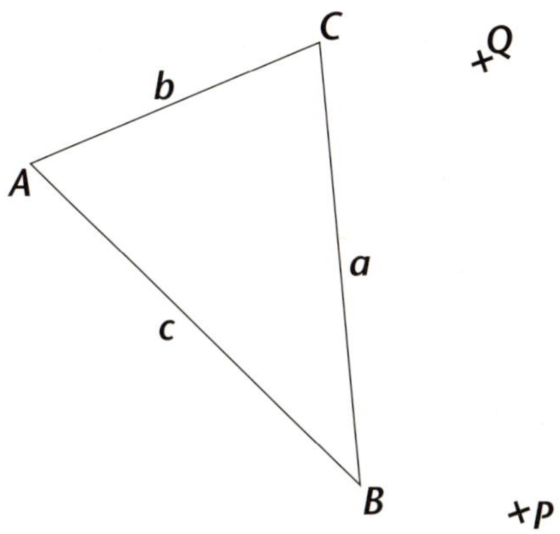


131 Figur

Anleitung:

Zuerst musst du dir überlegen, welche der Bezeichnungen $A'$, $B'$ oder $C'$ auf die Punkte $P$ bzw. $Q$ zutrifft.
Hinweis: Strecke und Bildstrecke verlaufen parallel und sind gleich lang.

1. Der Punkt $P$ entspricht .........′.
2. Der Punkt $Q$ entspricht .........′.
3. $Z$ liegt auf den Verbindungsstrecken von Punkt $P$ mit ......... und von Punkt $Q$ mit ......... .
4. Um den Punkt $A'$ zu finden, gibt es mehrere Möglichkeiten:
   - Du kannst $A'$ als Bildpunkt von ......... konstruieren.
   - Du kannst ausnutzen, dass Strecke und Bildstrecke jeweils ..................... verlaufen.
     (Ziehe Parallele zu $AC$ durch $C'$ und Parallele zu $AB$ durch .........)
   - Du kannst ausnutzen, dass Strecke und Bildstrecke jeweils ..................... lang sind.
     (Zeichne Kreis um $B'$ mit Radius $c$ und Kreis um $C'$ mit Radius .........)

## Aufgaben

**D4** In der Figur 132 im Zeichnungsteil sind ein $\triangle ABC$ und der Bildpukt $A'$ von $A$ gegeben.

a) *Konstruiere* das Zentrum $Z$ der zugehörigen Punktspiegelung.

b) *Zeichne* $\triangle A'B'C'$ mit $\triangle ABC \xmapsto{Z} \triangle A'B'C'$.

**D5** In Figur 133 im Zeichnungsteil ist ein Viereck $ABCD$ gegeben sowie das Zentrum $Z$ einer Punktspiegelung, das mit dem Eckpunkt $C$ zusammenfällt.
*Zeichne* das Viereck $A'B'C'D'$ mit Viereck $ABCD \xmapsto{Z}$ Viereck $A'B'C'D'$.

**D6** In Figur 134 im Zeichnungsteil ist ein Kreis $k$ mit dem Mittelpunkt $M$ gegeben sowie das Zentrum $Z$ einer Punktspiegelung.

*Konstruiere* $k'$ $(M')$ mit $k$ $(M; r) \xmapsto{Z} k'$ $(M'; r)$.
(Punktspiegelung ist Kongruenzabbildung!)

**D7** In Figur 135 im Zeichnungsteil ist ein Kreis $k$ mit dem Mittelpunkt $M$ gegeben, der mit dem Zentrum $Z$ einer Punktspiegelung zusammenfällt.

Spiegele den Kreis $k$ an $Z$ und zeichne $k'$ mit Farbe ein. Kurz: $k \xmapsto{Z} k'$

E

# Drehung

Auch dieses Kapitel behandelt eine Doppelachsenspiegelung – aber diesmal stehen die Achsen nicht senkrecht aufeinander.

## 1. Abbildungseigenschaften

Problem:

Gegeben sind zwei Achsen $a_1$ und $a_2$, die sich schneiden, und ein Dreieck *ABC*. Wieder sollst du dieses Dreieck zuerst an $a_1$ spiegeln und das entstandene „Zwischendreieck" anschließend an $a_2$ spiegeln. (Führe die Spiegelungen mit dem Geodreieck durch.)

Schritt 1

Spiegele $\triangle ABC$ an $a_1$ mit $A \overset{a_1}{\longmapsto} A_1$ und $B \overset{a_1}{\longmapsto} B_1$ und $C \overset{a_1}{\longmapsto} C_1$.
(kurz: $\triangle ABC \overset{a_1}{\longmapsto} \triangle A_1B_1C_1$)

Zeichne $\triangle A_1B_1C_1$ mit gestrichelten Linien ein.

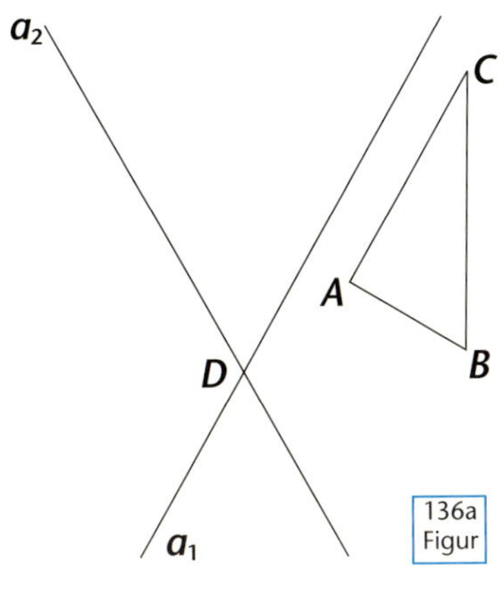


136a
Figur

Schritt 2

Spiegele $\triangle A_1B_1C_1$ an $a_2$
mit $A_1 \xmapsto{a_2} A'$ und $B_1 \xmapsto{a_2} B'$
und $C_1 \xmapsto{a_2} C'$.
(kurz: $\triangle A_1B_1C_1 \xmapsto{a_2} \triangle A'B'C'$)

Zeichne $\triangle A'B'C'$ mit Farbe ein.
(Vergleiche Figur 136b im Lösungsteil.)

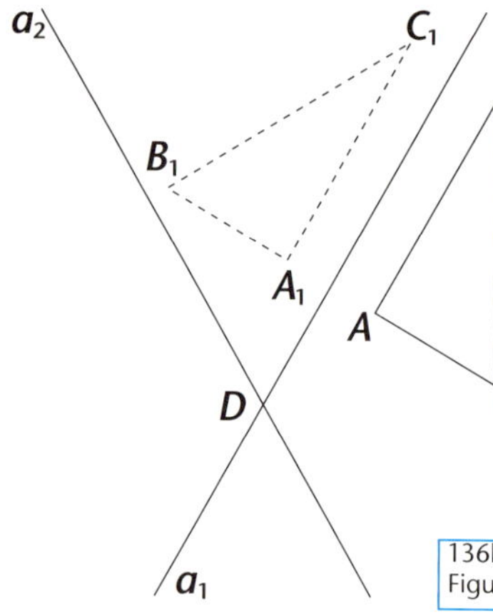


136b Figur

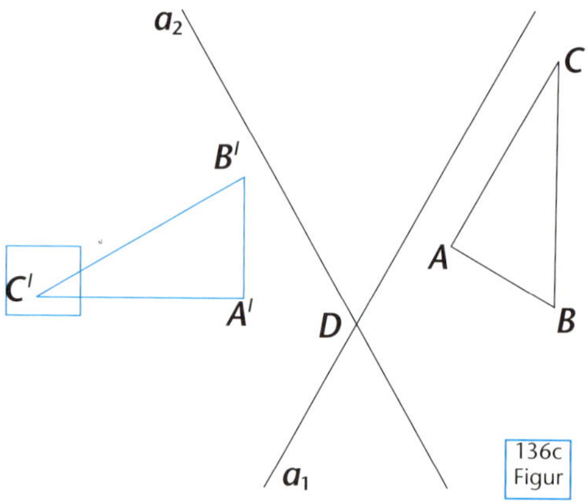


136c Figur

Wenn du die beiden Dreiecke $\triangle ABC$ und $\triangle A'B'C'$ betrachtest, wird es dir schwerer fallen als bei der Punktspiegelung, eine Abbildungsvorschrift für eine „Ersatzabbildung" dieser Doppelspiegelung zu finden.
Stich deshalb mit dem Zirkel in den Achsenschnittpunkt $D$ ein und zeichne drei Kreisbögen: mit Radius $\overline{DA}$, mit Radius $\overline{DB}$, mit Radius $\overline{DC}$.

Du erkennst, dass jeder der Punkte $A$, $B$ und $C$ mit seinem zugehörigen Bildpunkt $A'$, $B'$ und $C'$ jeweils auf einem Kreisbogen um $D$ liegt.

In Kurzschreibweise: $A' \in k\,(D; r = \overline{DA})$, $B' \in k\,($........$; r =$ ..............$)$,

$C' \in k\,($........$; r =$ ..............$)$

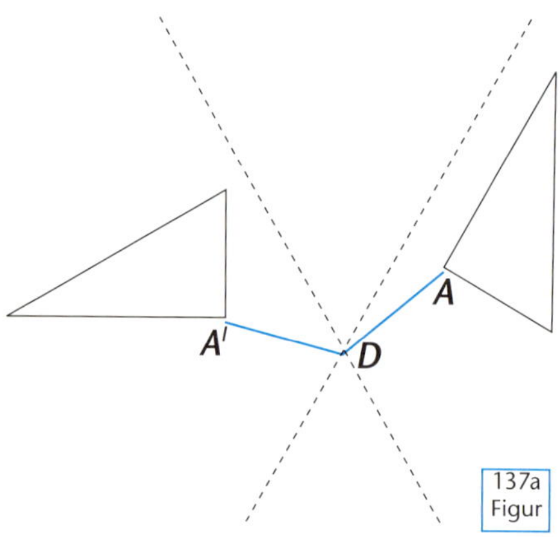


137a Figur

Um die Abbildungsvorschrift für die Ersatzabbildung aufschreiben zu können, müssen wir noch herausfinden, „wie weit" jeder Punkt auf dem entsprechenden Kreisbogen bis zu seinem Bildpunkt „wandert".

Verbinde dazu in den nächsten Skizzen den Punkt $D$ mit einem Farbstift jeweils mit einem Punkt und dem zugehörigen Bildpunkt – wie in der ersten Skizze für $A$ und $A'$ durchgeführt.

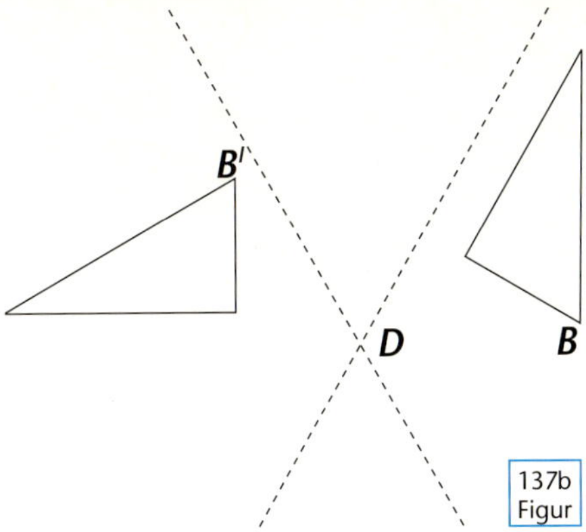

137b Figur

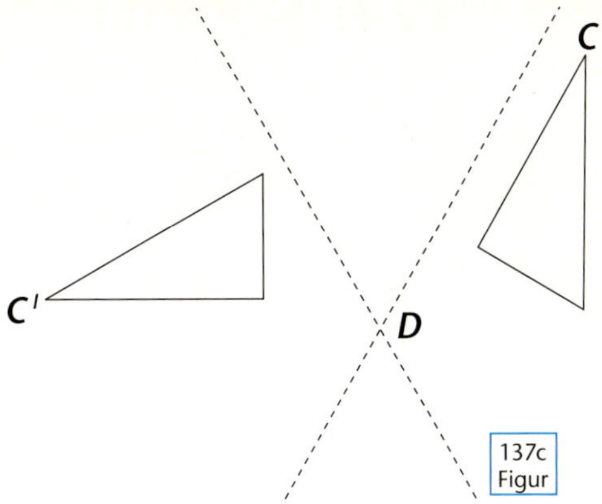

137c Figur

Dir fällt sicher auf, dass die jetzt gezeichneten Winkel alle .................... groß sind.

Kurz ausgedrückt: $\sphericalangle ADA' = \sphericalangle$ .............. $= \sphericalangle$ .............. $= \psi$

Die Größe des Drehwinkels $\psi$ hängt mit dem Schnittwinkel $\varphi$ der beiden Achsen zusammen. Die Winkel $\varphi_1$ und $\varphi_2$, die durch die beiden Achsenspiegelungen entstanden sind, stehen ebenfalls im Zusammenhang mit dem Drehwinkel. Ergänze die folgenden Gleichungen mit den Bezeichnungen aus Figur 138:

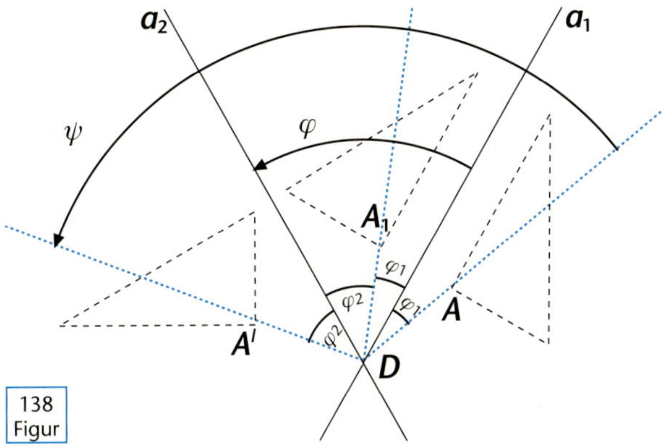

138 Figur

Für den Schnittwinkel $\varphi$ gilt: $\varphi = \varphi_1$ .......... $\varphi_2$

Für den Drehwinkel $\psi$ gilt: $\sphericalangle ADA' = \underbrace{\varphi_1 + \varphi_1} + \underbrace{\varphi_2 + \varphi_2} =$

$= $ ........ $\varphi_1 +$ ........ $\varphi_2 =$

$= $ ........ $(\varphi_1 + \varphi_2) =$

$= $ ........ $\varphi = \psi$

Diese Gleichung gilt entsprechend für alle Punkte des doppelt gespiegelten Dreiecks: $\sphericalangle PDP' = \psi = 2\,\varphi$

Damit lässt sich die Abbildung so beschreiben:

Einer Doppelspiegelung an zwei Achsen, die sich unter einem beliebigen Winkel schneiden, entspricht als Ersatzabbildung eine **Drehung**.

Jeder Punkt wird um den Achsenschnittpunkt gedreht. Der Drehwinkel $\psi$ ist doppelt so groß wie der Schnittwinkel $\varphi$ der beiden Achsen:

$$\psi = 2\,\varphi$$

Die Kurzschreibweise für die Drehung lautet: $P \xmapsto{D;\,\psi} P'$

Falls nichts anderes angegeben ist, sollen die Drehungen immer im mathematisch positiven Sinn – also gegen den Uhrzeigersinn – durchgeführt werden.
Das Fremdwort für Drehung ist **Rotation**.

Damit du ausprobieren kannst, wie bei einer Drehung die einzelnen Punkte abgebildet werden, findest du hinten im Buch zwei Blätter mit den Nummern II/1 und II/2.
Befestige die Folie II/2 mit einem Druckknopf aus dem Nähkästchen im Punkt $D$ auf der Folie II/1. Nun kannst du das rote Dreieck um das Zentrum drehen. Wenn du die beiden Dreiecke $\triangle ABC$ und $\triangle A'B'C'$ zur Deckung bringst, kannst du aus dieser Ausgangslage das $\triangle A'B'C'$ um jeden beliebigen Drehwinkel drehen.

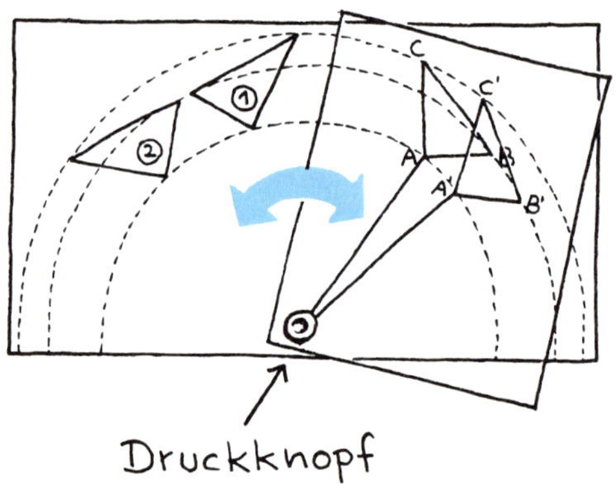


Du kannst dabei beobachten, dass die Punkte $A'$, $B'$ und $C'$ sich auf Kreisen um $D$ bewegen.

**Aufgabe E 1** Prüfe, welches der beiden Dreiecke ① oder ② auf dem Blatt II durch Drehung aus dem Dreieck $ABC$ entstanden ist.

## 2. Durchführung mit dem Geodreieck

Der Schnittpunkt der Achsen – jetzt **Drehpunkt** *D* genannt – sei gegeben und ein Punkt *P*, der um den Drehwinkel $\psi = 70°$ gedreht werden soll.

Verbinde *D* und *P* und lege das Geodreieck in *D* so an, dass du den zweiten Schenkel des Drehwinkels markieren kannst. Zeichne dann den zweiten Schenkel.

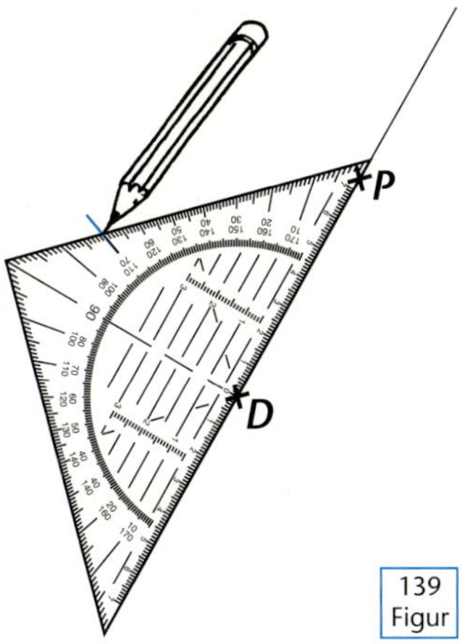


139
Figur

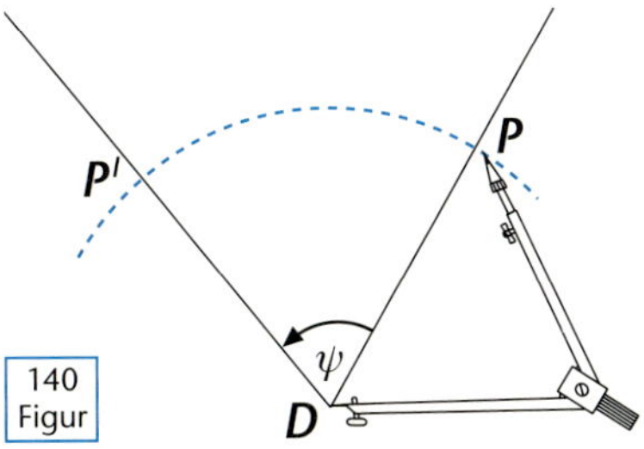


140
Figur

Schlage um *D* mit dem Zirkel einen Kreis mit dem Radius $r =$ ............. . Der Schnittpunkt des Kreises mit dem zweiten Schenkel ist *P'*.

**Aufgaben**

**E2** Drehe in Figur 141 im Zeichnungsteil den Punkt *A* um den Drehpunkt *D* mit dem Drehwinkel $\psi = 50°$.

**E3** Gegeben sind in Figur 142 im Zeichnungsteil die Punkte *A* (2 | –1), *B* (4 | 3) und *D* (0 | 0). Drehe die Gerade *AB* um den Drehpunkt *D* mit dem Drehwinkel $\psi = 90°$.
Hinweis: Drehe jeweils *A* und *B*.

**E4** Gegeben sind in Figur 143 im Zeichnungsteil die Punkte *P* (–2 | 7), *Q* (3 | –3) und *D* (0 | 3). Drehe die Gerade *g*, die durch die Punkte *P* und *Q* verläuft, um den Drehpunkt *D* mit dem Drehwinkel $\psi = 45°$.

# 3. Sonderfälle

## 3.1 Identität

Es gibt einen Drehwinkel, sodass bei der zugehörigen Drehung *jeder* Punkt wieder auf sich selber abgebildet wird!

Überlege:
Wenn du eine Drehung um ............° ausführst, befindet sich jeder Punkt wieder in seiner Ausgangslage.
Bei dieser Drehung ist *jeder Punkt ein Fixpunkt*; eine Abbildung mit dieser Eigenschaft heißt **Identität**.

Beachte:
Jeder Drehwinkel ist doppelt so groß wie der zugehörige Schnittwinkel der Achsen. Deshalb gilt für eine Drehung um 360°, dass die Achsen einen Schnittwinkel von ............° haben.

Überlege:

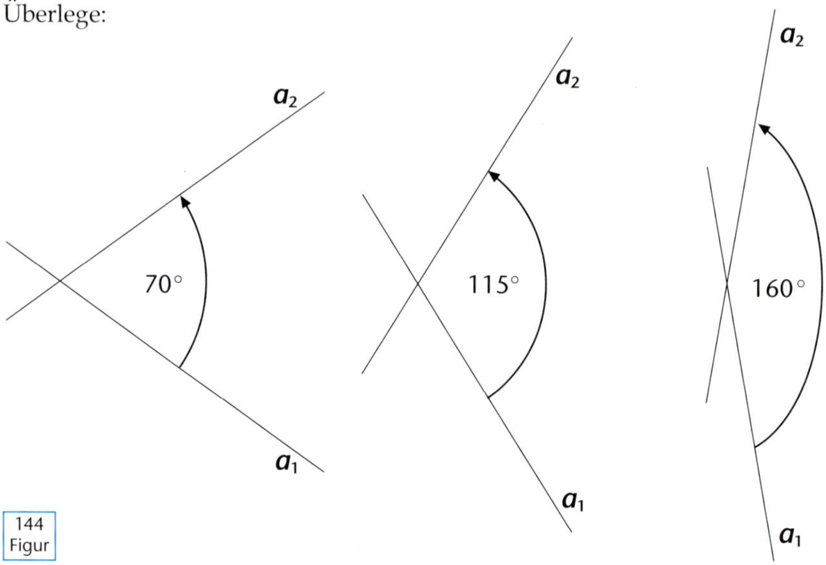


144 Figur

Wenn der Schnittwinkel der Achsen 180° beträgt, gilt für die Achsen: $a_1$ ........ $a_2$!

➡ Doppelspiegelung an *ein und derselben* Achse erzeugt aber die Identität (jeder Punkt wird auf sich selbst abgebildet) und entspricht somit einer Drehung um 360°.

## 3.2 Punktspiegelung

Im Kapitel D über Punktspiegelung betrug der Schnittwinkel der Achsen ..........°. Wenn wir die Regeln der Drehung darauf anwenden, wissen wir, dass einem Schnittwinkel von 90° ein Drehwinkel von ............... entspricht.
Die Punktspiegelung hätten wir also auch als Sonderfall einer Drehung – nämlich um 180° – behandeln können.

Die Punktspiegelung kann als Drehung um 180° aufgefasst werden.

Mit den beiden Blättern (II/1 und II/2) kannst du dir die Punktspiegelung bzw. Drehung um 180° klar machen. Drehe dazu das $\triangle A'B'C'$ um $D$, bis $D$ genau auf der Strecke $AA'$ liegt. (Jetzt bilden die beiden Halbgeraden $[DA$ und $[DA'$ einen Winkel von 180° und $D$ liegt in der Mitte der Strecke $AA'$!)

Mit dem Lineal kannst du nachprüfen, dass $D$ auch $[BB']$ und $[CC']$ halbiert.

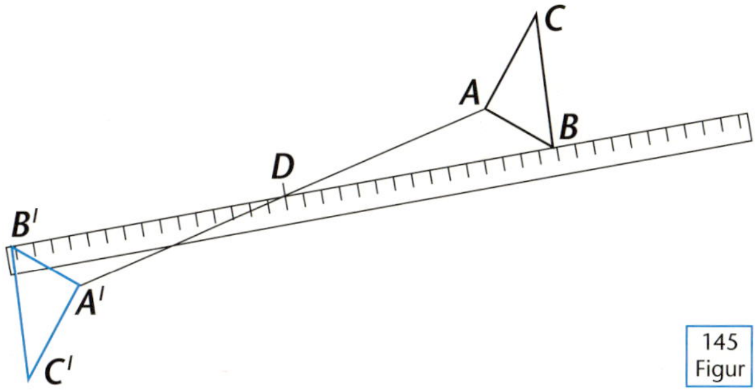


145
Figur

## 3.3 Negative Drehwinkel

Manchmal wird in Aufgaben auch verlangt, dass eine Drehung mit negativem Drehwinkel durchgeführt werden soll, zum Beispiel $\psi = -40°$. Das Minuszeichen bedeutet, dass die Drehung im **mathematisch „negativen"** Sinn – also im Uhrzeigersinn – erfolgen soll.

Wenn wir diese Drehung von $P$ um $D$ mit $\psi = -40°$

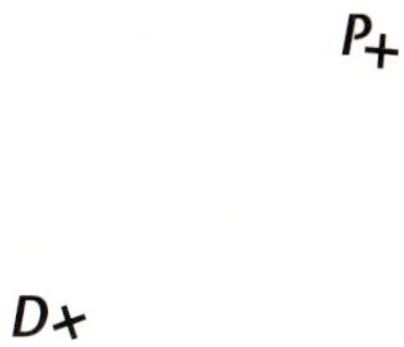


146
Figur

praktisch durchführen,

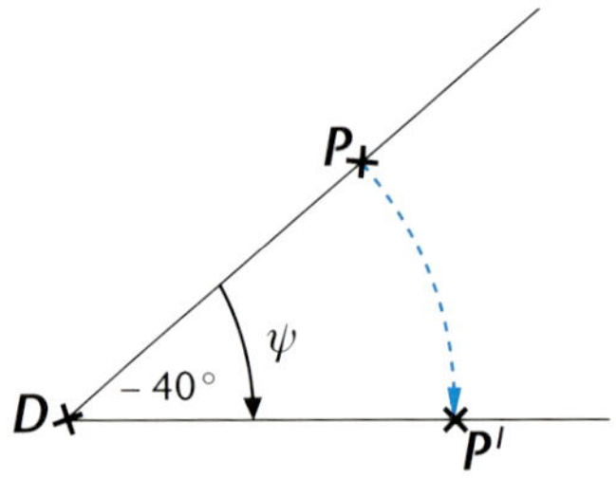


147
Figur

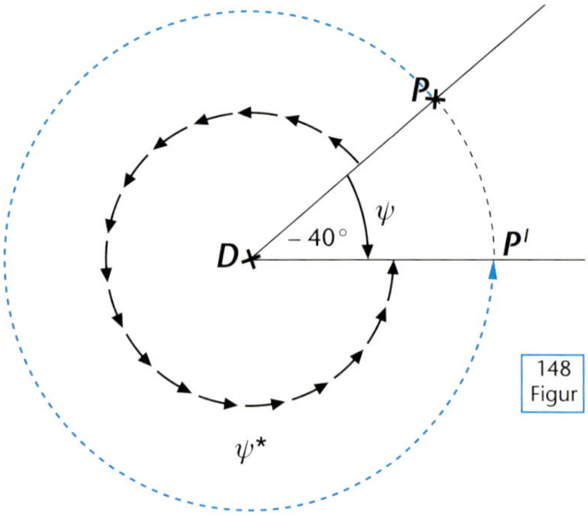


148
Figur

können wir erkennen, dass diese Drehung $\psi = -40°$ zum gleichen Ergebnis führt wie eine positive Drehung um $\psi^* =$ ............... °.

Es gilt allgemein:

Die Drehung um den Winkel $-\psi$ führt zum gleichen Ergebnis wie die Drehung um $360° - \psi$.

Auch die Drehungen mit negativen Winkeln kannst du dir mithilfe der „Druckknopf-Blätter“ klar machen: Jede beliebige Stellung des $\triangle A'B'C'$ lässt sich sowohl durch eine positive als auch durch eine negative Drehung erreichen.

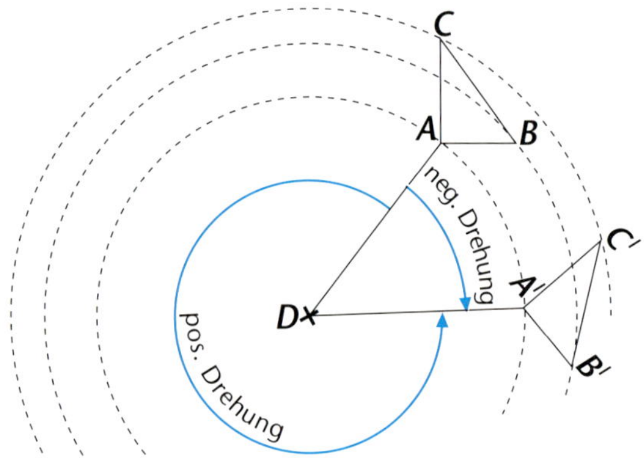


149
Figur

## Aufgaben

**E 5** Drehe in Figur 150 im Zeichnungsteil den Punkt $P$ um $D$ mit $\psi = 180°$.

**E 6** Drehe in Figur 151 im Zeichnungsteil den Punkt $Q$ um $D$ mit $\psi = -120°$.

Wie groß ist der Drehwinkel in den Figuren 152a und 152b im Zeichnungsteil? **E 7**

Hinweis: Miss zuerst den Winkel $\varphi$ zwischen den Achsen $a_1$ und $a_2$ und bestimme dann den Drehwinkel $\psi$!

In Figur 153 (Zeichnungsteil) sind der Drehpunkt $D$ und der Kreis $k$ mit dem Mittelpunkt $M$ gegeben. **E 8**

Drehe $k$ um $D$ mit $\psi = 60°$ und zeichne $k'$.

Gegeben ist wieder ein Kreis mit dem Mittelpunkt $M$, der diesmal mit dem Drehpunkt zusammenfällt (siehe Figur 154 im Zeichnungsteil). **E 9**

Drehe $k$ und $D$ mit $\psi = 80°$ und zeichne $k'$ mit Farbe.
(Vergleiche Aufgabe D7.)

Falls um denselben Drehpunkt eine Zweifachdrehung mit zwei (verschiedenen) Drehwinkeln $\psi_1$ und $\psi_2$ durchgeführt werden soll, ergibt sich insgesamt eine Drehung um $D$ mit dem Gesamtdrehwinkel: **E 10**

$\psi = \psi_1$ ........ $\psi_2$

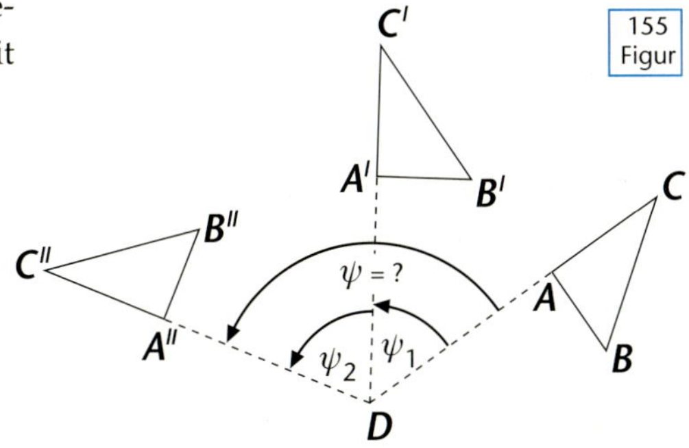

Um welchen Drehwinkel $\bar{\psi}$ bzw. $\psi^*$ muss der Bildpunkt $A'$ bzw. $B'$ gedreht werden, damit er wieder in die Ausgangslage $A$ bzw. $B$ kommt? **E 11**

a)

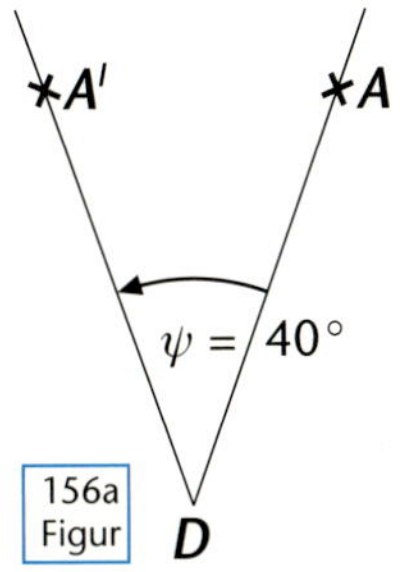


$\bar{\psi} = -$ ................ °
führt zum gleichen Ergebnis wie

$\psi^* =$ ................ °.

b)

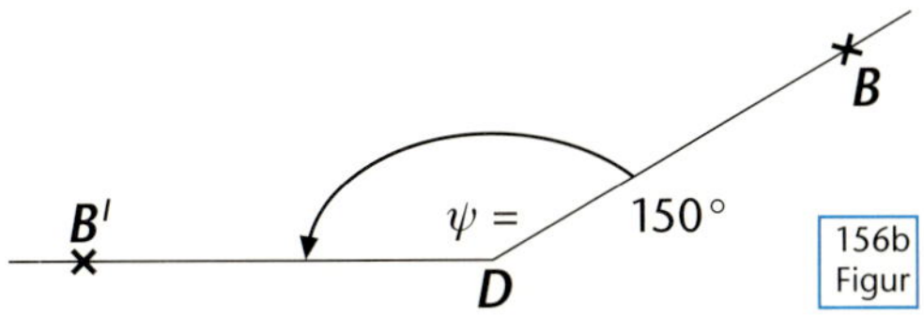


$\bar{\psi} = -$ ................ °
führt zum gleichen Ergebnis wie

$\psi^* =$ ................ °.

Fixelemente bei der Drehung

- Die allgemeine Drehung besitzt nur einen einzigen Fixpunkt, nämlich den ………… punkt $D$. Es gibt – mit Ausnahme der Sonderfälle – weder Fixgeraden noch Fixpunktgeraden.
- Beim Sonderfall der Identität (Drehung um ………… °) ist jeder Punkt ein Fixpunkt und jede Gerade eine Fixpunktgerade.
- Beim Sonderfall der Punktspiegelung (Drehung um ………… °) ist der Drehpunkt der einzige Fixpunkt. Alle Geraden durch den ………… punkt sind Fixgeraden. Es gibt ………… Fixpunktgeraden.

## 4. Konstruktion des Drehpunktes

Zum Schluss dieses Kapitels sollst du noch die Lösung des folgenden Problems kennenlernen:

Wie kann der Drehpunkt $D$ konstruiert werden, wenn wie in Figur 157 nur das Dreieck und das durch Drehung entstandene Bilddreieck gegeben sind?

157 Figur

Da Punkt und Bildpunkt auf einem Kreis um $D$ liegen, sind sie von $D$ gleich weit entfernt!

➡ $D$ muss also auf der Mittelsenkrechten von $[AA']$ liegen.
(Denn dort liegen alle Punkte, die von $A$ und $A'$ gleich weit entfernt liegen.)

➡ $D$ muss auch auf der Mittelsenkrechten von $[BB']$ liegen. Führe die Konstruktion entsprechend zur Mittelsenkrechten von $[AA']$ in Figur 158 durch.

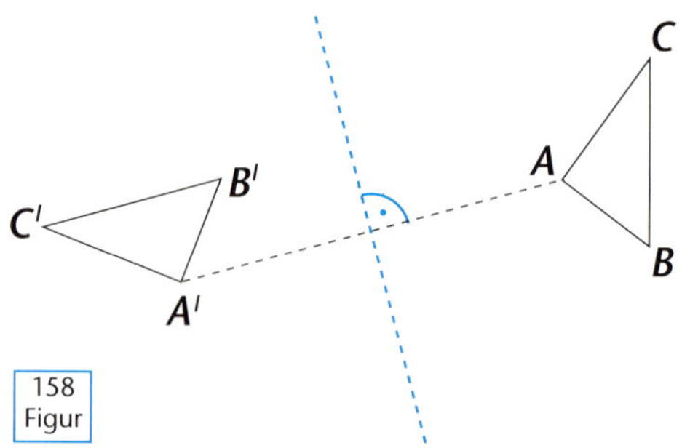


158 Figur

➡ Der Schnittpunkt der beiden Mittelsenkrechten ist der gesuchte Drehpunkt $D$.

Probe

Zur Probe kannst du die Mittelsenkrechte von $[CC']$ konstruieren: Sie muss ebenfalls durch $D$ hindurchgehen.

# Verschiebung

F

In den letzten beiden Kapiteln hast du Doppelspiegelungen an zwei sich schneidenden Achsen kennen gelernt. Im letzten Fall der hier behandelten Kongruenzabbildungen geht es jetzt um die Doppelspiegelung an zwei parallelen Achsen.

## 1. Abbildungseigenschaften

Problem:
Gegeben sind zwei parallele Achsen $a_1$ und $a_2$ sowie ein $\triangle ABC$.
Wieder sollst du dieses Dreieck zuerst an $a_1$ spiegeln und anschließend das entstandene „Zwischendreieck" an $a_2$.

Zur Vereinfachung wurden die Dreieckspunkte wieder genau auf Karopunkte gelegt, sodass du keine Konstruktionslinien brauchst. Verbinde die Punkte mit ihren Bildpunkten jeweils mit gestrichelten Linien.

Schritt 1

Spiegele $\triangle ABC$ an $a_1$ mit $A \xmapsto{a_1} A_1$ und $B \xmapsto{a_1} B_1$ und $C \xmapsto{a_1} C_1$.
(kurz: $\triangle ABC \xmapsto{a_1} \triangle A_1B_1C_1$)

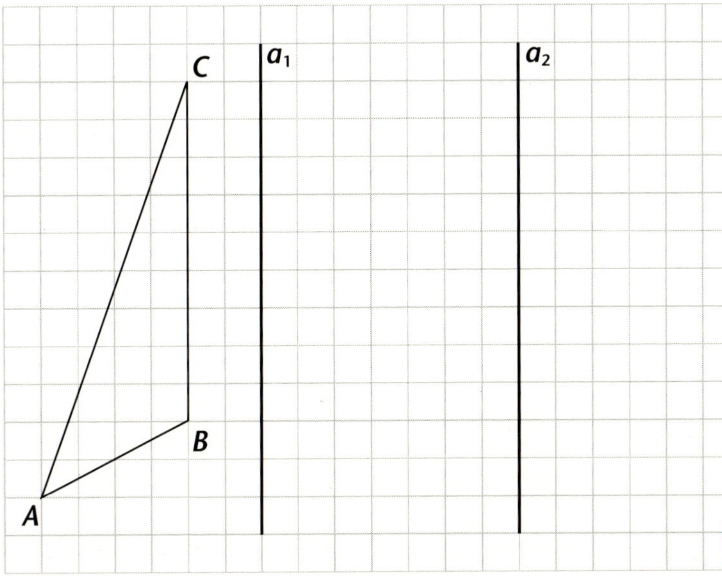


159a
Figur

Zeichne $\triangle A_1B_1C_1$ mit gestrichelten Linien ein.

Schritt 2

Spiegele $\triangle A_1B_1C_1$ an $a_2$ mit $A_1 \xmapsto{a_2} A'$ und $B_1 \xmapsto{a_2} B'$ und $C_1 \xmapsto{a_2} C'$.
(kurz: $\triangle A_1B_1C_1 \xmapsto{a_2} \triangle A'B'C'$)

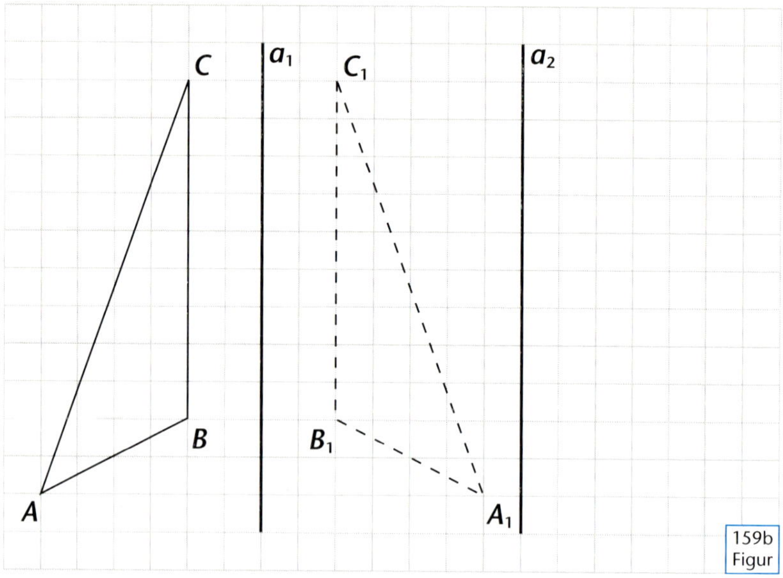


159b
Figur

Zeichne $\triangle A'B'C'$ mit Farbe ein.

Wenn du jetzt die beiden Dreiecke $\triangle ABC$ und $\triangle A'B'C'$ in Figur 159c betrachtest, wird es dir leicht fallen, die **Abbildungseigenschaften** dieser Doppelspiegelung zu erkennen:

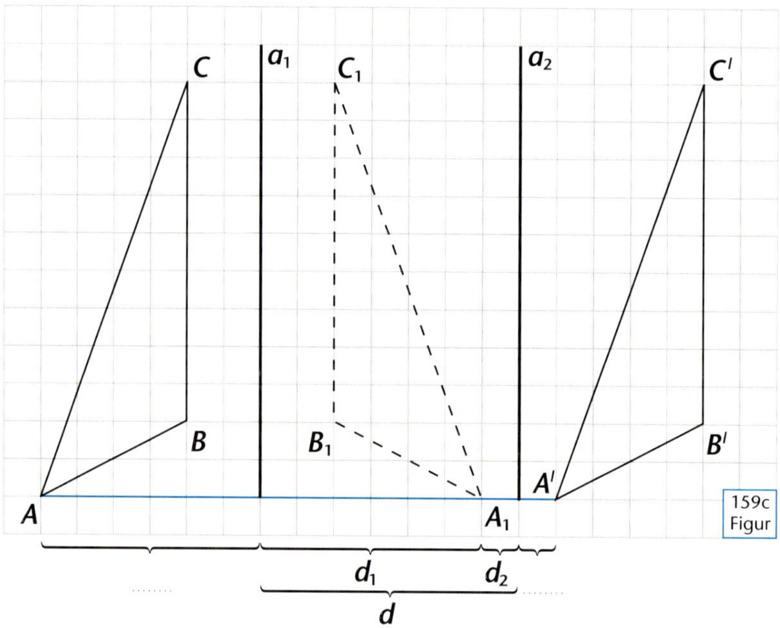


159c
Figur

- Strecken und Bildstrecken verlaufen jeweils ................................ zueinander. (zum Beispiel $[AB] \parallel [A'B']$)

Verbinde mit farbigen Strecken auch die Punkte $B$ und $C$ jeweils mit ihren Bildpunkten $B'$ und $C'$.

- Die Verbindungsstrecken sind alle ............................ lang.
- Die Verbindungsstrecken verlaufen alle ................................ zueinander.
- Die Verbindungsstrecken stehen ................................ auf den Achsen.

Ergänze in Figur 159c die noch fehlenden Abstandsbezeichnungen für die Punkte $A$, $A_1$ und $A'$.

Damit kannst du eine Gleichung für die Länge der Verbindungsstrecken aufstellen:

$$\begin{aligned} \overline{AA'} &= d_1 + d_1 + d_2 + \ldots\ldots = \\ &= \underbrace{d_1 + d_2} + \underbrace{d_1 + \ldots\ldots} = \\ &= \quad d \quad + \quad \ldots\ldots \quad = \ldots\, d \end{aligned}$$

Diese Gleichung gilt entsprechend auch für $B$ und $C$:

$\overline{BB'} = 2\,d$ und $\overline{CC'} =$ ...............

Also lässt sich die Abbildung so beschreiben:

Einer Doppelspiegelung an zwei parallelen Achsen entspricht als Ersatzabbildung eine **Verschiebung**. Jeder Punkt wird um eine Strecke verschoben, die senkrecht auf den Achsen steht und doppelt so lang ist wie der Achsenabstand.

Das Fremdwort für Verschiebung lautet **Translation**.

Beispiel

Eine Verschiebung, wie sie im täglichen Leben vorkommt, ist im folgenden Bild dargestellt. Beim „Rangieren einer Lokomotive auf gerader Strecke“ wird jeder Teil der „Ur-Lokomotive“ um dieselbe Strecke in die „Bild-Lokomotive“ verschoben.

160 Figur

## Aufgaben

**F1** Zeichne $A_1$ und $A'$ ein, mit $A \xmapsto{a_1} A_1$ und $A_1 \xmapsto{a_1} A'$.

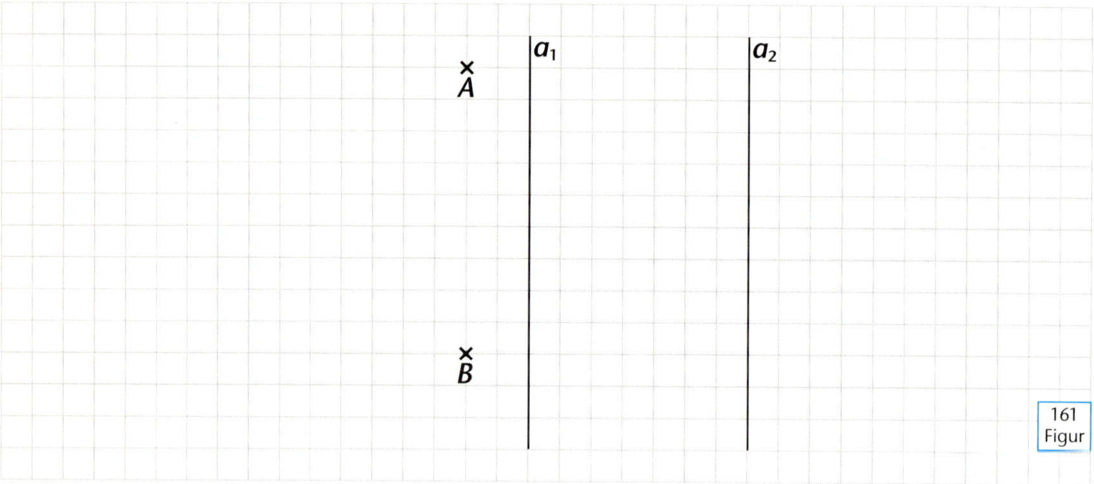


**F2** Zeichne $B_2$ (!) und $B^*$ (!) ein, mit $B \xmapsto{a_2} B_2$ und $B_2 \xmapsto{a_1} B^*$.

**F3** Zeichne mit Farbe die Verschiebungspfeile von $A$ nach $A'$ und von $B$ nach $B^*$ ein; die Pfeilspitze soll jeweils im Bildpunkt liegen.

Achte darauf, dass du den Punkt $B$ zuerst an der Achse $a_2$ und den erhaltenen Punkt $B^*$ anschließend an der Achse $a_1$ spiegeln sollst!

**F4** a) Die beiden Verschiebungspfeile sind .................... lang.

b) Die beiden Verschiebungspfeile verlaufen .......................... zueinander.

c) Die beiden Verschiebungspfeile sind *gleich / entgegengesetzt* gerichtet. (Das Fremdwort für gerichtet heißt orientiert.)

## 2. Vektoren

Die Verschiebung als Ersatzabbildung einer Doppelspiegelung an zwei parallelen Achsen kann durch den Verschiebungspfeil charakterisiert werden.

Der Verschiebungspfeil

- steht senkrecht auf den Achsen,
- seine Länge ist doppelt so groß wie der Abstand der beiden Achsen und
- er zeigt von der ersten zur zweiten Achse.

Mit diesen Eigenschaften lässt sich zu einem gegebenen Verschiebungspfeil ein zugehöriges Achsenpaar finden:

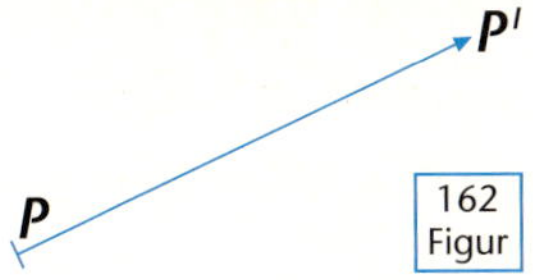

162 Figur

- Die Achsen stehen senkrecht auf dem Verschiebungspfeil,

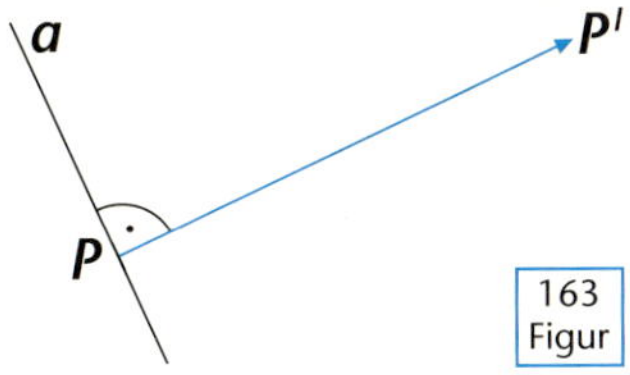

163 Figur

- ihr Abstand ist halb so groß wie die Pfeillänge

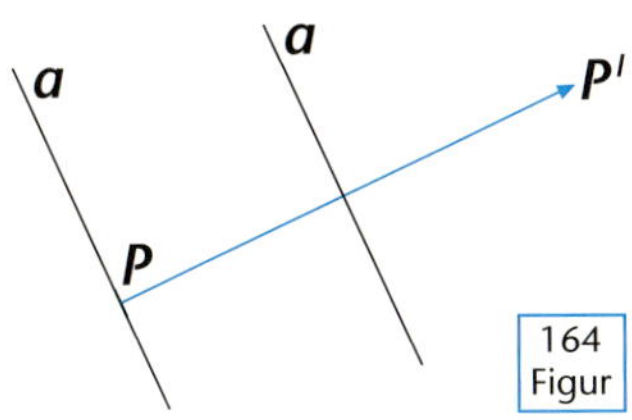

164 Figur

- und der Pfeil weist von der ersten zur zweiten Achse:

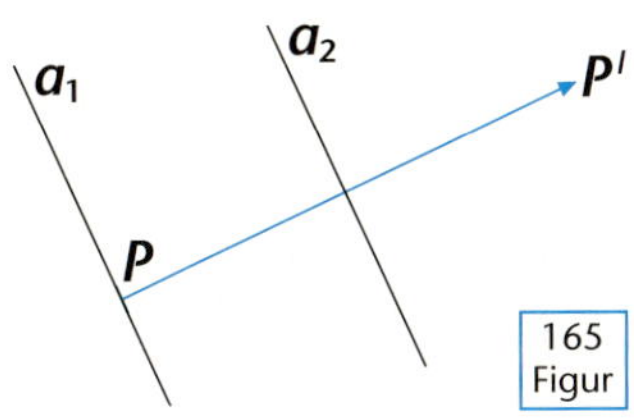

165 Figur

Alle Pfeile, die parallel, gleich lang und gleich orientiert sind, werden zusammengefasst unter dem Begriff des **Vektors**.

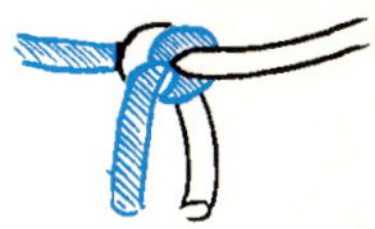

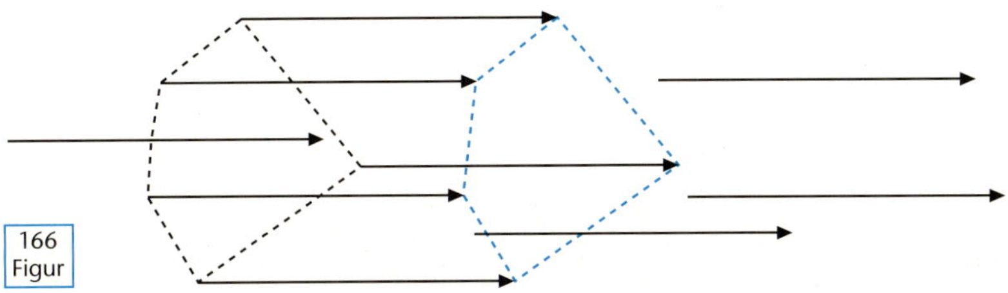
166 Figur

Das bedeutet:
Die bisher gezeichneten Verschiebungspfeile (parallel, gleich lang und gleich orientiert) sind **Vertreter** oder **Repräsentant** *eines* Vektors. – Aber:

Der Pfeil von $P'$ nach $P$ ist *entgegengesetzt* orientiert wie der Pfeil von $P$ nach $P'$ und daher repräsentiert er einen *anderen* Vektor.

Wenn die beiden Mannschaften gleich stark sind, sind ihre Kräfte gleich groß, aber entgegengesetzt orientiert. Daher halten sich die beiden Mannschaften im Gleichgewicht; der Wettkampf endet unentschieden.

Vektoren werden mit kleinen lateinischen Buchstaben mit darüber liegendem Pfeil bezeichnet: $\vec{a}$, $\vec{v}$, …
Einzelne Vertreter von Vektoren (also die Verschiebungspfeile) werden durch die Angabe von Anfangs- und Endpunkt mit darüber liegendem Pfeil bezeichnet: $\overrightarrow{PP'}$, $\overrightarrow{AA'}$, …
(Diese Bezeichnung kann auch für den Vektor verwendet werden.)

Die Kurzschreibweise für die Verschiebung lautet:

$P \xmapsto{\vec{v}} P'$ bzw.

$P \xmapsto{\overrightarrow{AA'}} P'$

**Beispiel** In der folgenden Skizze sind Repräsentanten von drei verschiedenen Vektoren und acht Verschiebungspfeile gezeichnet.

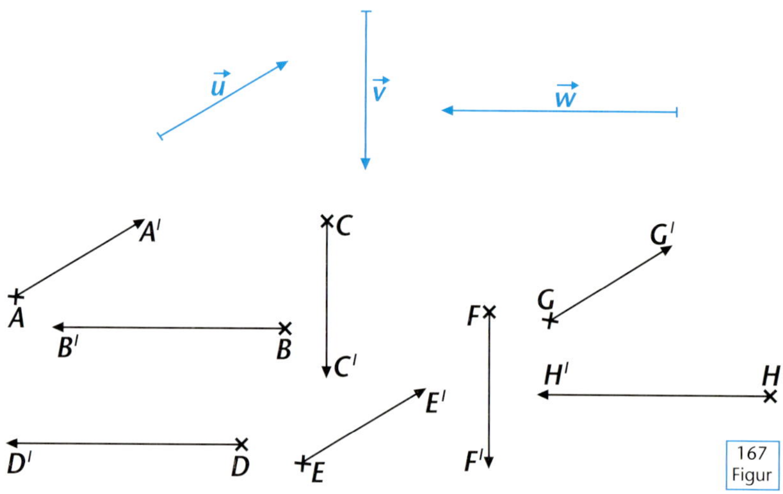


167 Figur

Die Verschiebungspfeile kannst du den drei Vektorvertretern zuordnen, wie zum Beispiel: $\overrightarrow{AA'} = \vec{u}$. Ergänze:

| | | |
|---|---|---|
| $\overrightarrow{BB'}$ = ……… | $\overrightarrow{EE'}$ = ……… | $\overrightarrow{GG'}$ = ……… |
| $\overrightarrow{CC'}$ = ……… | $\overrightarrow{FF'}$ = ……… | $\overrightarrow{HH'}$ = ……… |
| $\overrightarrow{DD'}$ = ……… | | |

## 3. Durchführung mit dem Geodreieck

Zurück zur Abbildung der Verschiebung.

Gegeben sei der Vektor $\vec{v}$ und ein Punkt $P$.
Gesucht ist der Punkt $P'$ mit $P \xmapsto{\vec{v}} P'$ .

168
Figur

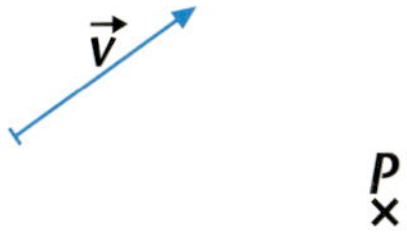


Es muss derjenige Vertreter des Vektors $\vec{v}$ gezeichnet werden, dessen Anfangspunkt in $P$ liegt.

169
Figur

Man sagt auch: Der Verschiebungsvektor $\vec{v}$ „greift in $P$ an".

Mit dem Geodreieck lässt sich $\vec{v}$ leicht nach $P$ verlegen, wenn du die Definition des Vektors im Auge behältst:

- Denke daran, dass alle Vertreter eines Vektors parallel sind.
- Beachte die Orientierung.
- Wenn du die Länge von $\vec{v}$ kennst, kannst du $P'$ markieren.

Der Bildpunkt $P'$ ist durch die Pfeillänge und die Pfeilspitze festgelegt:

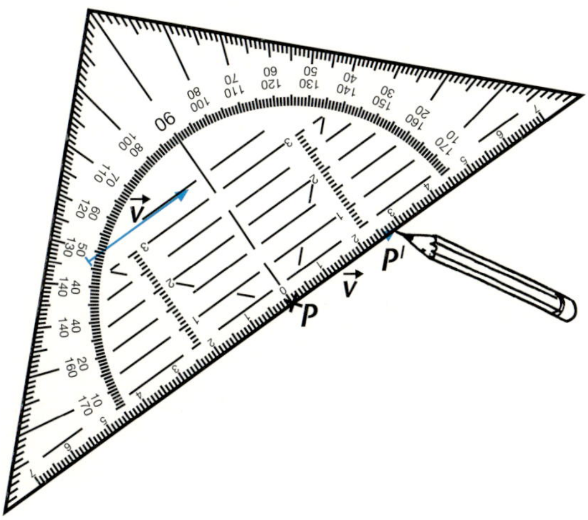


170
Figur

## Aufgaben

**F 5** Verschiebe den Punkt $A$ um den Vektor $\vec{v}$.

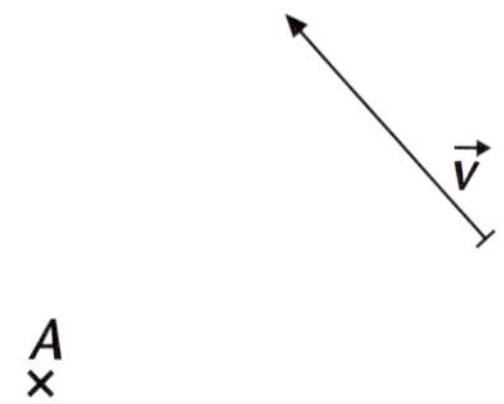


171 Figur

**F 6**
a) Zeichne in Figur 172 im Zeichnungsteil die Achse $a_2$, sodass die Doppelspiegelung an $a_1$ und $a_2$ die Verschiebung um $\vec{v}$ ergibt (vergleiche Seite 74 f.).

b) Zeichne $A_1$ ein, mit $A \xmapsto{a_1} A_1$.

c) Zeichne $A'$ ein, mit $A_1 \xmapsto{a_2} A'$.

d) Verbinde $A$ mit $A'$ und vergleiche diesen Verbindungspfeil mit $\vec{v}$.

**F 7** Durch Verschiebung ist in Figur 173 (im Zeichnungsteil) der Punkt $P'$ als Bildpunkt von $P$ entstanden. Verschiebe den Punkt $Q$ um denselben Vektor.
Hinweis: Durch $P$ und $P'$ ist der Verschiebungsvektor festgelegt.

**F 8** Gegeben sind in Figur 174 im Zeichnungsteil die Punkte $A\,(4|1)$, $B\,(1|5)$, $C\,(1|1)$ und $A'\,(8|3)$.

a) Zeichne das $\triangle ABC$ und den Punkt $A'$ in das Koordinatensystem ein.

b) Verschiebe die Punkte $B$ und $C$ mit $B \xmapsto{\overrightarrow{AA'}} B'$ und $C \xmapsto{\overrightarrow{AA'}} C'$ und zeichne die Bildpunkte $B'$ und $C'$ ein.

c) Zeichne das $\triangle A'B'C'$.

d) Trage die Koordinaten der Bildpunkte hier ein:
$A'\,(8|3)$; $B'$ (.......... | ..........); $C'$ (.......... | ..........)

e) Hebe das Gemeinsame zwischen den Vektoren
$\overrightarrow{AA'}$, $\overrightarrow{BB'}$ und $\overrightarrow{CC'}$
hervor, indem du sie farbig einzeichnest.

**F 9** Zwei Vektoren heißen gleich, wenn sie

- .............................. lang sind,
- .............................. verlaufen und
- .............................. orientiert sind.

Mit anderen Worten: Zwei Vektoren heißen gleich, wenn sie

- .............................. Länge,
- .............................. Richtung und
- .............................. Orientierung haben.

# 4. Sonderfälle

Falls der Punkt $P$ mit dem Vektor $\vec{a}$ in den Punkt $P'$ verschoben wurde mit $\vec{a} = \overrightarrow{PP'}$,

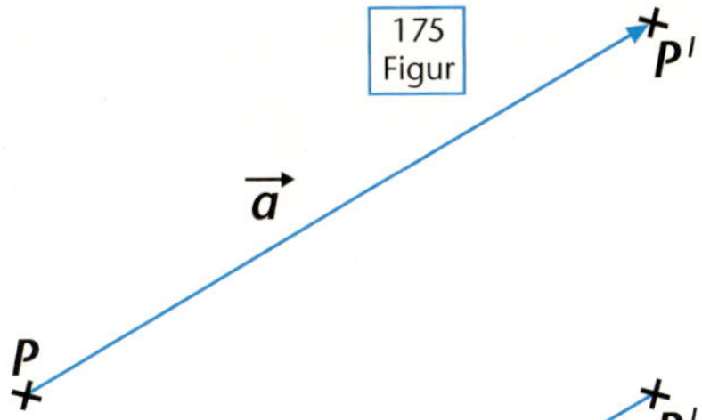

175 Figur

so gibt es einen Vektor, der diese Verschiebung wieder rückgängig macht. Dieser Vektor soll $P'$ wieder in seine Ausgangslage nach $P$ zurückschieben. Er heißt deshalb **Gegenvektor** zu $\vec{a}$.

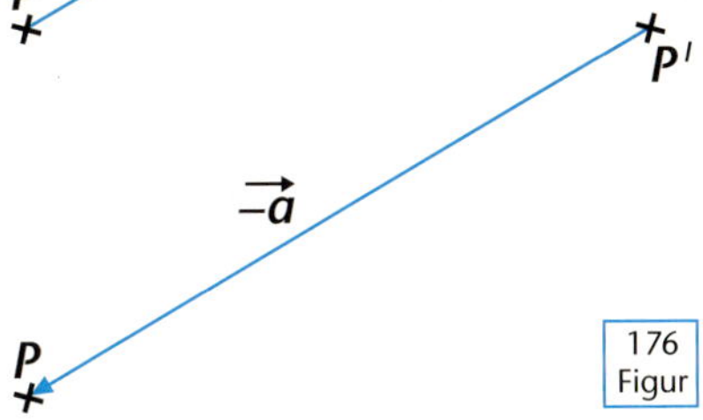

176 Figur

## Schreibweisen

Für den Gegenvektor kann man schreiben:

$\overrightarrow{P'P}$ bzw. $-\vec{a}$ bzw. $-\overrightarrow{PP'}$ bzw. $\overrightarrow{PP'}^*$ bzw. $\vec{a}^*$

Die Vektoren $\overrightarrow{PP'}$ und $\overrightarrow{P'P}$
bzw. $\overrightarrow{PP'}$ und $-\overrightarrow{PP'}$
bzw. $\overrightarrow{PP'}$ und $\overrightarrow{PP'}^*$
bzw. $\vec{a}$ und $-\vec{a}$
bzw. $\vec{a}$ und $\vec{a}^*$ sind Gegenvektoren zueinander.

Zwei Vektoren heißen Gegenvektoren, wenn sie
- ............................ lang sind,
- ...................................... verlaufen und
- *gleich / entgegengesetzt* orientiert sind.

Aus der Festlegung, die wir für den Gegenvektor getroffen haben, folgt:

Wenn ein Punkt $P$ um einen Vektor $\vec{a}$ verschoben wird und der Bildpunkt $P'$ um den Gegenvektor $-\vec{a}$ verschoben wird,

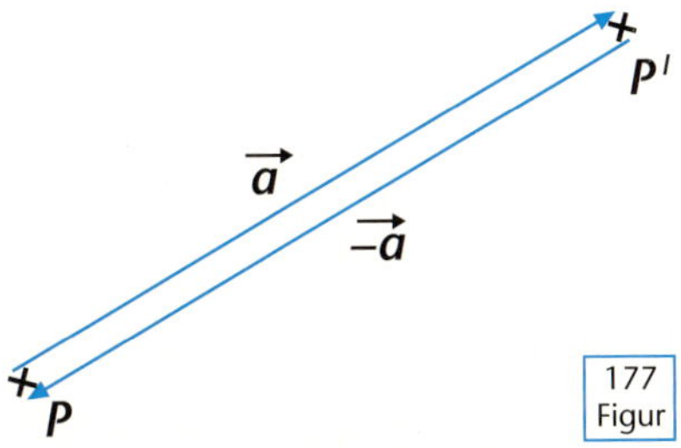

177 Figur

so kehrt $P'$ wieder in die Ausgangslage $P$ zurück.

Die nacheinander erfolgten Verschiebungen um einen Vektor und den zugehörigen Gegenvektor ergeben insgesamt eine „Verschiebung" um den sogenannten **Nullvektor** $\vec{o}$.

Bei der Verschiebung um den Nullvektor $\vec{o}$ ist jeder Punkt ein Fixpunkt und deshalb nennt man diese Abbildung .................................................... (vergleiche Abschnitt E 3.1).

## Aufgaben

**F 10** Zeichne in Figur 178 im Zeichnungsteil die folgenden Vektoren ein und beschrifte sie:

a) $\overrightarrow{AB}$
b) $-\overrightarrow{BC}$
c) $\overrightarrow{CA}$
d) $\overrightarrow{AA}$ (Scherzaufgabe)

**F 11** Der Nullvektor besitzt weder eine Richtung noch eine Orientierung und er hat die Länge ......... cm!

**F 12** Verschiebe in den Figuren 179a, b, c im Zeichnungsteil die Geraden *g, h, i* um den Vektor $\vec{v}$ und zeichne die Bildgeraden *g', h', i'*.
Hinweis: Wähle dir auf den Geraden je zwei Punkte und verschiebe diese.

### Fixelemente bei der Verschiebung

- Die allgemeine Verschiebung besitzt *keinen Fixpunkt* und *keine Fixpunktgerade,* da jeder Punkt verschoben wird.
- Aber jede Gerade, die parallel zum Verschiebungsvektor verläuft (siehe oben F 12c), ist eine ............ *gerade.*
- Beim Sonderfall der Identität – der Verschiebung um den Nullvektor – ist jeder Punkt ein Fixpunkt und jede Gerade eine Fixpunktgerade.

# Rechnen mit Vektoren

G

## 1. Vektorkoordinaten

Für die Angabe der Lage von Punkten im Koordinatensystem kennst du bis jetzt die Schreibweise als Zahlenpaar, zum Beispiel $P\,(-3|4)$. Diese sogenannten **Punktkoordinaten** wurden bisher Links- bzw. Rechtswert und Hoch- bzw. Tiefwert genannt (vergleiche Abschnitt A 2).

Die Koordinaten geben dir an, wie du *vom Nullpunkt aus* zum Punkt $P$ gelangst. In unserem Beispiel für $P\,(-3|4)$:

Vom Nullpunkt aus 3 nach *links* | *rechts* und von dort aus 4 nach *oben* | *unten*.

Mit solchen Koordinaten lassen sich auch Vektoren beschreiben:
Trage noch einmal die Punkte $A\,(4|1)$, $B\,(1|5)$, $C\,(1|1)$ und $A'\,(8|3)$, $B'\,(5|7)$, $C'\,(5|3)$ (von Aufgabe F 8) in das folgende Koordinatensystem ein und zeichne mit Farbe die Pfeile $\overrightarrow{AA'}$, $\overrightarrow{BB'}$ und $\overrightarrow{CC'}$ ein.

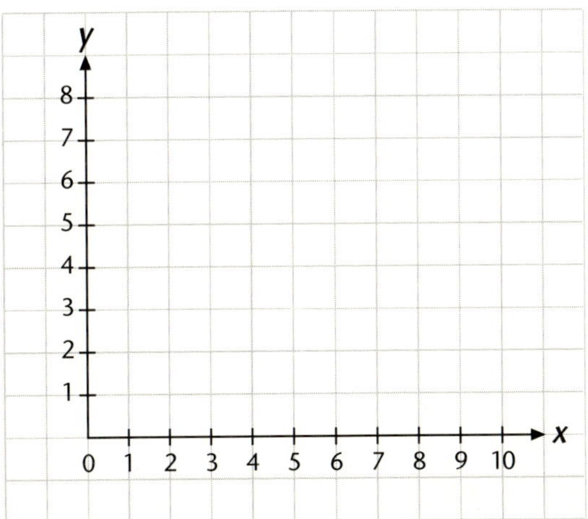


180 Figur

Im Abschnitt F 3 hast du bereits festgestellt, dass diese drei Pfeile gleich sind und welche Eigenschaften sie damit erfüllen (Aufgabe F 9): Sie sind Vertreter des gleichen Vektors.

Betrachte nun speziell den Pfeil $\overrightarrow{AA'}$ um herauszufinden, wie er und damit der Vektor durch Zahlen festgelegt werden kann.

Um vom Anfangspunkt $A$ zum Endpunkt $A'$ zu gelangen, muss man

........ Schritte nach rechts und ........ Schritte nach oben gehen.

Der Vektor ist also auch durch zwei Koordinaten festgelegt. Zur Unterscheidung von Punktkoordinaten, die *hintereinander* stehen, werden die **Vektorkoordinaten** *untereinander* geschrieben.

Für den Vektor $\overrightarrow{AA'}$ gilt damit:

$\overrightarrow{AA'} = \begin{pmatrix} 4 \\ 2 \end{pmatrix}$ oben steht die $x$-Koordinate
unten steht die $y$-Koordinate

Vergleiche die beiden anderen Vektoren in Figur 180:

$\overrightarrow{BB'} = \begin{pmatrix} \ldots \\ \ldots \end{pmatrix}$ $\quad$ $\overrightarrow{CC'} = \begin{pmatrix} \ldots \\ \ldots \end{pmatrix}$

## Aufgaben

**G 1** Zeichne in die Figur 180 auf der vorhergehenden Seite die Punkte $D\,(4|5)$ und $D'$ ein, sodass gilt: $\overrightarrow{DD'} = \overrightarrow{AA'}$

Hinweis: Gehe von $D$ aus ........ Schritte nach rechts und ........ Schritte nach oben.

**G 2** Lies die Punktkoordinaten von $D'$ ab: $D'$ (........ | ........)

a) Zeichne in das folgende Koordinatensystem die Punkte ein: **Aufgabe G 3**

$A\,(4|1)$; $B\,(6|4)$; $C\,(2|6)$; $D\,(2|-3)$; $E\,(5|-4)$; $F\,(-2|-6)$; $G\,(-5|-3)$; $H\,(-3|1)$; $I\,(-5|4)$

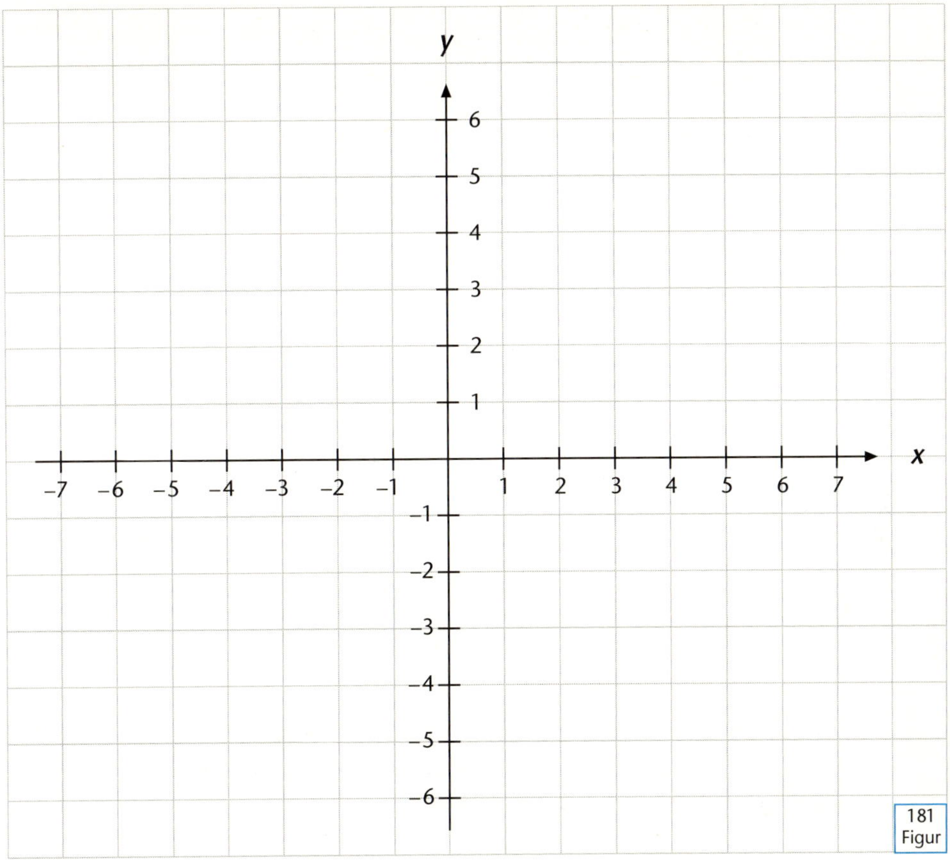


181 Figur

b) Wiederhole für die Bestimmung der Vektorkoordinaten:

| | | |
|---|---|---|
| Schritte nach rechts zählen | *positiv / negativ* | $x$-Wert (obere Vektorkoordinate) |
| Schritte nach links zählen | *positiv / negativ* | |
| Schritte nach oben zählen | *positiv / negativ* | $y$-Wert (untere Vektorkoordinate) |
| Schritte nach unten zählen | *positiv / negativ* | |

c) Zeichne die Vektoren und bestimme ihre Vektorkoordinaten

$\overrightarrow{AB} = \begin{pmatrix} \ldots \\ \ldots \end{pmatrix}$; $\overrightarrow{BC} = \begin{pmatrix} \ldots \\ \ldots \end{pmatrix}$; $\overrightarrow{FE} = \begin{pmatrix} \ldots \\ \ldots \end{pmatrix}$; $\overrightarrow{GF} = \begin{pmatrix} \ldots \\ \ldots \end{pmatrix}$;

$\overrightarrow{CE} = \begin{pmatrix} \ldots \\ \ldots \end{pmatrix}$; $\overrightarrow{DA} = \begin{pmatrix} \ldots \\ \ldots \end{pmatrix}$; $\overrightarrow{GA} = \begin{pmatrix} \ldots \\ \ldots \end{pmatrix}$; $\overrightarrow{HG} = \begin{pmatrix} \ldots \\ \ldots \end{pmatrix}$;

$\overrightarrow{HD} = \begin{pmatrix} \ldots \\ \ldots \end{pmatrix}$; $\overrightarrow{HC} = \begin{pmatrix} \ldots \\ \ldots \end{pmatrix}$; $\overrightarrow{HI} = \begin{pmatrix} \ldots \\ \ldots \end{pmatrix}$

Versuche nun, die Regel für den Zusammenhang von Vektor- und Punktkoordinaten zu erkennen:

Wie lassen sich die Koordinaten des Vektors aus den Koordinaten von Anfangs- und Endpunkt berechnen?

Beispiele

$x_A$ $y_A$

$A\,(4\,|\,1)$

$6 - 4 = 2$ ↓ ↓ ..... − ..... $= 3$ } $\overrightarrow{AB} = \begin{pmatrix} 2 \\ 3 \end{pmatrix}$ $x$-Wert, $y$-Wert

$B\,(6\,|\,4)$

$x_B$ $y_B$

$B\,(6\,|\,4)$

..... − ..... $= -4$ ↓ ↓ ..... − ..... $= 2$ } $\overrightarrow{BC} = \begin{pmatrix} -4 \\ 2 \end{pmatrix}$ $x$-Wert, $y$-Wert

$C\,(2\,|\,6)$

Aus dem Anfangspunkt $P\,(x_P|y_P)$ und dem Endpunkt $Q\,(x_Q|y_Q)$ ergibt sich der Vektor

$$\overrightarrow{PQ} = \begin{pmatrix} x_Q - x_P \\ y_Q - y_P \end{pmatrix}$$

für $P\,(1|4)$ und $Q\,(5|3)$ gilt also:

$$\overrightarrow{PQ} = \begin{pmatrix} 5-1 \\ 3-4 \end{pmatrix} = \begin{pmatrix} 4 \\ -1 \end{pmatrix}$$

„$Q - P$"

In Worten:

- Von der $x$-Koordinate des *Anfangs-* / *End*punktes muss die $x$-Koordinate des *Anfangs-* / *End*punktes subtrahiert werden.
- Von der $y$-Koordinate des *Anfangs-* / *End*punktes muss die $y$-Koordinate des *Anfangs-* / *End*punktes subtrahiert werden.

Diese Gleichung gilt für beliebige Punkte aus allen Quadranten. Beachte dabei aber die Rechenregeln für negative Zahlen!

Wiederhole:

$6 - (-4) =$ ..............................

$-5 - 3 =$ ..............................

$-4 - (-1) =$ ..............................

$3 - 7 =$ ..............................

$2 - (-8) =$ ..............................

POSITIV
NEGATIV

Gegeben sind die Punkte
$A\,(2|3)$; $B\,(5|1)$; $C\,(3|-3)$; $D\,(-4|-2)$; $E\,(-3|4)$; $O\,(0|0)$.

**Aufgaben**

**G4**

Berechne die Vektoren mit Zwischenschritt – ohne die Punkte in ein Koordinatensystem zu zeichnen.
Beachte: „Endpunkt minus Anfangspunkt“

a) $\overrightarrow{AB} = \begin{pmatrix} \ldots - \ldots \\ \ldots - \ldots \end{pmatrix} = \begin{pmatrix} \ldots \\ \ldots \end{pmatrix}$

b) $\overrightarrow{BC} = \begin{pmatrix} \ldots - \ldots \\ \ldots - \ldots \end{pmatrix} = \begin{pmatrix} \ldots \\ \ldots \end{pmatrix}$

c) $\overrightarrow{DB} = \begin{pmatrix} \ldots - \ldots \\ \ldots - \ldots \end{pmatrix} = \begin{pmatrix} \ldots \\ \ldots \end{pmatrix}$

d) $\overrightarrow{CE} = \begin{pmatrix} \ldots - \ldots \\ \ldots - \ldots \end{pmatrix} = \begin{pmatrix} \ldots \\ \ldots \end{pmatrix}$

e) $\overrightarrow{OA} = \begin{pmatrix} \ldots - \ldots \\ \ldots - \ldots \end{pmatrix} = \begin{pmatrix} \ldots \\ \ldots \end{pmatrix}$

f) $\overrightarrow{OB} = \begin{pmatrix} \ldots - \ldots \\ \ldots - \ldots \end{pmatrix} = \begin{pmatrix} \ldots \\ \ldots \end{pmatrix}$

g) $\overrightarrow{OC} = \begin{pmatrix} \ldots - \ldots \\ \ldots - \ldots \end{pmatrix} = \begin{pmatrix} \ldots \\ \ldots \end{pmatrix}$

h) $\overrightarrow{OD} = \begin{pmatrix} \ldots - \ldots \\ \ldots - \ldots \end{pmatrix} = \begin{pmatrix} \ldots \\ \ldots \end{pmatrix}$

i) $\overrightarrow{OE} = \begin{pmatrix} \ldots - \ldots \\ \ldots - \ldots \end{pmatrix} = \begin{pmatrix} \ldots \\ \ldots \end{pmatrix}$

**G5**

Es gilt allgemein:

$$\overrightarrow{OP} = \begin{pmatrix} x_P - \ldots \\ x_P - \ldots \end{pmatrix} = \begin{pmatrix} \ldots \\ \ldots \end{pmatrix}$$

Der Vektor $\overrightarrow{OP} = \begin{pmatrix} x_P \\ y_P \end{pmatrix}$ heißt **Ortsvektor** des Punktes $P\,(x_P|y_P)$;

für $P\,(2|-5)$ gilt $\overrightarrow{OP} = \begin{pmatrix} 2 \\ -5 \end{pmatrix}$

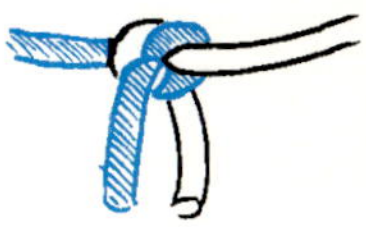

## 2. Vektoraddition

Vektoren waren bei der Verschiebung im Kapitel F zum ersten Mal aufgetreten. Dort wurde hergeleitet, wie du den Bildpunkt $Q'$ geometrisch finden kannst, wenn dir zum Beispiel die Punkte $A\,(2|1)$, $A'\,(4|2)$ und $Q\,(1|3)$ gegeben sind.

➡ Zeichne in Figur 182 die Punkte $A$, $A'$ und $Q$ ein sowie den Punkt $Q'$, mit $\overrightarrow{QQ'} = \overrightarrow{AA'}$.

Ergänze die Punktkoordinaten: $Q'\,(\ldots|\ldots)$

➡ Zeichne die Vektoren ein:
$\overrightarrow{OQ}$; $\overrightarrow{QQ'}$; $\overrightarrow{OQ'}$

Ergänze die Vektorkoordinaten:

$\overrightarrow{OQ} = \begin{pmatrix} \dots \\ \dots \end{pmatrix}$;

$\overrightarrow{QQ'} = \begin{pmatrix} \dots \\ \dots \end{pmatrix}$;

$\overrightarrow{OQ'} = \begin{pmatrix} \dots \\ \dots \end{pmatrix}$

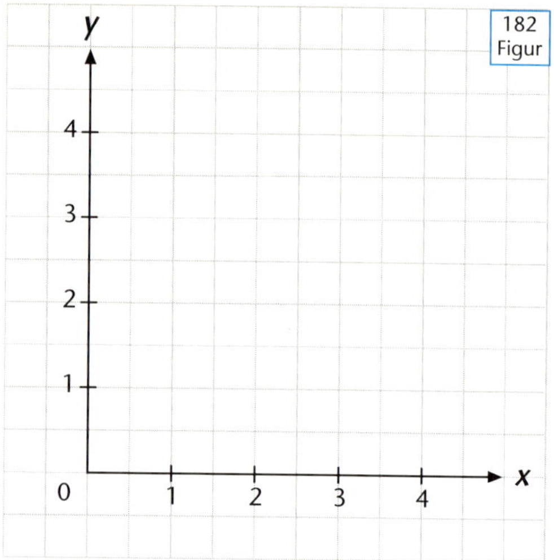


Der Vektor $\overrightarrow{OQ'}$ lässt sich als „Kombination“ der beiden Vektoren $\overrightarrow{OQ}$ und $\overrightarrow{QQ'}$ finden:

$$\overrightarrow{OQ} \dots \overrightarrow{QQ'} = \begin{pmatrix} 1 \\ 3 \end{pmatrix} \dots \begin{pmatrix} 2 \\ 1 \end{pmatrix} = \begin{pmatrix} \dots \\ \dots \end{pmatrix} = \overrightarrow{OQ'}$$

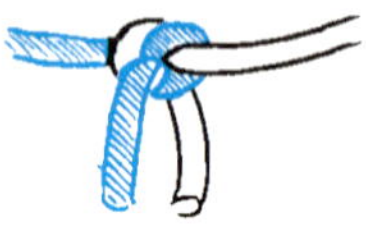

Zwei Vektoren $\vec{a} = \begin{pmatrix} x_a \\ y_a \end{pmatrix}$ und $\vec{b} = \begin{pmatrix} x_b \\ y_b \end{pmatrix}$ werden **addiert**, indem man jeweils die $x$-Koordinaten addiert und die $y$-Koordinaten addiert:

$$\vec{a} \oplus \vec{b} = \begin{pmatrix} x_a \\ y_a \end{pmatrix} \oplus \begin{pmatrix} x_b \\ y_b \end{pmatrix} = \begin{pmatrix} x_a + x_b \\ y_a + y_b \end{pmatrix}$$

Der Kreis um das Pluszeichen $\oplus$ soll andeuten, dass hier keine Zahlenaddition gemeint ist, sondern eine Vektoraddition. Erst in der Zahlenrechnung steht das Pluszeichen + wieder ohne Kreis.

Mithilfe der Figur 183 kannst du dir die Vektoraddition auch geometrisch klar machen.

Aus der Zeichnung kannst du auch erkennen, dass die Vektoraddition kommutativ ist:
$\vec{a} \oplus \vec{b} = \vec{b} \oplus \vec{a}$

(Vergleiche den Band ML 620, Seite 11.)

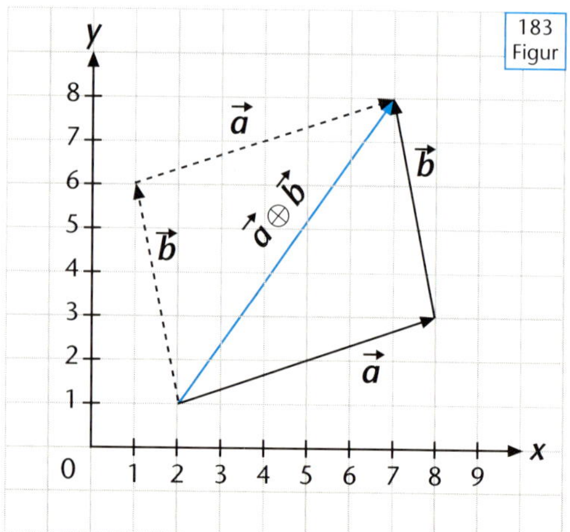

Addiere die Vektoren

**Aufgabe G6**

a) $\vec{a} = \begin{pmatrix} 3 \\ 7 \end{pmatrix}$; $\vec{b} = \begin{pmatrix} 2 \\ 4 \end{pmatrix}$

$$\vec{a} \oplus \vec{b} = \begin{pmatrix} \dots \\ \dots \end{pmatrix} \oplus \begin{pmatrix} \dots \\ \dots \end{pmatrix} = \begin{pmatrix} \dots + \dots \\ \dots + \dots \end{pmatrix} = \begin{pmatrix} \dots \\ \dots \end{pmatrix}$$

b) $\vec{c} = \begin{pmatrix} -5 \\ -9 \end{pmatrix}$; $\vec{d} = \begin{pmatrix} 8 \\ -3 \end{pmatrix}$

$$\vec{c} \oplus \vec{d} = \begin{pmatrix} \dots \\ \dots \end{pmatrix} - \begin{pmatrix} \dots \\ \dots \end{pmatrix} = \begin{pmatrix} \dots \\ \dots \end{pmatrix} = \begin{pmatrix} \dots \\ \dots \end{pmatrix}$$

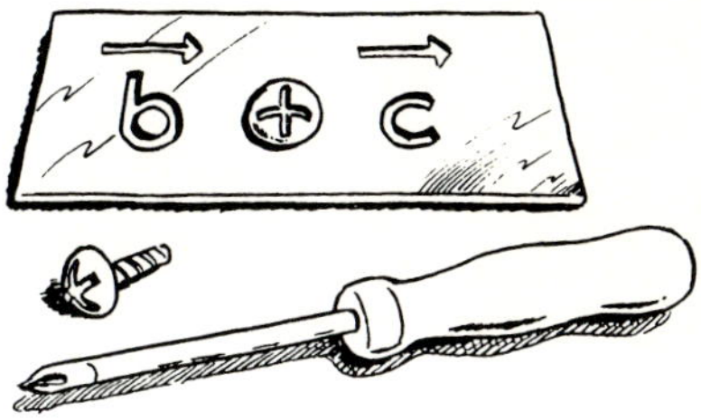


c) $\overrightarrow{OA} = \begin{pmatrix} 2 \\ 6 \end{pmatrix}$; $\overrightarrow{AB} = \begin{pmatrix} -1 \\ 4 \end{pmatrix}$

$\overrightarrow{OA} \dots \overrightarrow{AB} =$ ..................................................

Mithilfe der Vektoraddition können wir bei einer Verschiebung die Koordinaten eines Bildpunktes berechnen, wenn die Koordinaten des Punktes und der Verschiebungsvektor gegeben sind.

Da bei einer Verschiebung jeder Punkt $P$ um denselben Vektor $\vec{v}$ verschoben wird, gilt für den Ortsvektor des Bildpunktes allgemein:

$$\overrightarrow{OP'} = \overrightarrow{OP} \oplus \vec{v}$$

Diese Regel, die du gerade eben schon an einem Beispiel *rechnerisch* geübt hast, kannst du dir auch *geometrisch* klarmachen:

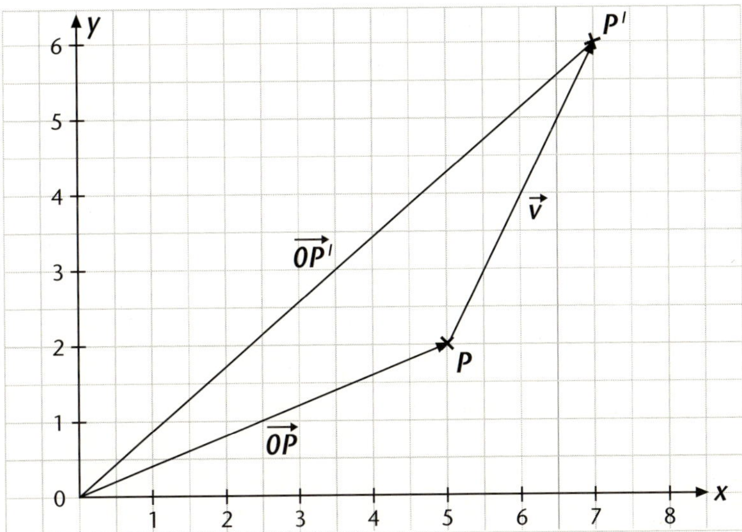


184 Figur

Für $P\,(5|2)$ und $\vec{v} = \begin{pmatrix} 2 \\ 4 \end{pmatrix}$ gilt: $\overrightarrow{OP'} = \overrightarrow{OP} \oplus \vec{v} = \begin{pmatrix} 5 \\ 2 \end{pmatrix} \oplus \begin{pmatrix} 2 \\ 4 \end{pmatrix} = \begin{pmatrix} \dots \\ \dots \end{pmatrix}$

## Aufgaben

**G 7** Berechne jeweils die Bildpunkte bei einer Verschiebung der Punkte um den Vektor

$$\vec{v} = \begin{pmatrix} 6 \\ -2 \end{pmatrix}.$$

a) Für $Q\,(2|5)$ gilt $Q'$ (........ | ........).  b) Für $R\,(-3|-1)$ gilt $R'$ (........ | ........).

**G 8** Gegeben sind in Figur 185 die Punkte $A\,(2|5)$, $A'\,(-4|3)$ und $B\,(1|-1)$.

a) Berechne die Koordinaten von $B'$ (........ | ........), sodass gilt $\overrightarrow{BB'} = \overrightarrow{AA'}$.

Hinweis: Berechne erst den Vektor $\overrightarrow{AA'}$ und führe dann die Verschiebung rechnerisch durch.

b) Zeichne in das Koordinatensystem von Figur 185 die Punkte $A$, $A'$, $B$ und $B'$ sowie (farbig) die beiden Vektoren $\overrightarrow{AA'}$ und $\overrightarrow{BB'}$ ein.

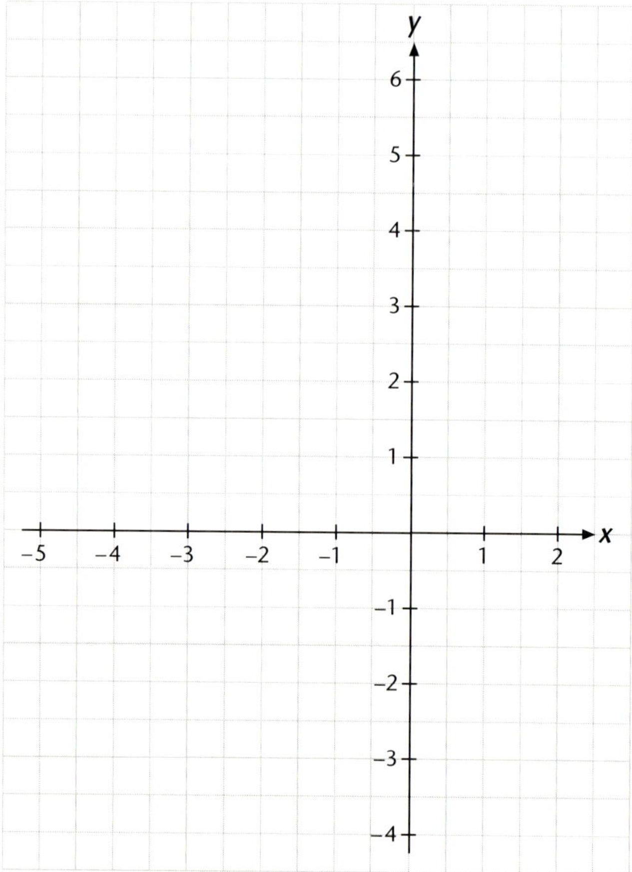


185 Figur

**Aufgabe G 9**

Gegeben sind die Punkte $P\,(-2|-3)$; und $Q\,(-5|2)$ sowie deren Bildpunkte $P'\,(4|1)$ und $Q'\,(1|4)$.

a) Sind die Verschiebungen $P \rightarrow P'$ und $Q \rightarrow Q'$ identisch? *Ja / Nein*
Hinweis: Du musst die Koordinaten der beiden Vektoren berechnen, sie miteinander vergleichen und entscheiden, ob sie gleich = oder ungleich ≠ sind.

Begründung: $\overrightarrow{\dots\dots}$ ..... $\overrightarrow{\dots\dots}$

b) Zeichne die Punkte $P$, $Q$, $P'$ und $Q'$ sowie (farbig) die beiden Vektoren $\overrightarrow{PP'}$ und $\overrightarrow{QQ'}$ in das Koordinatensystem von Figur 186 ein und überprüfe das Ergebnis aus Teilaufgabe a).

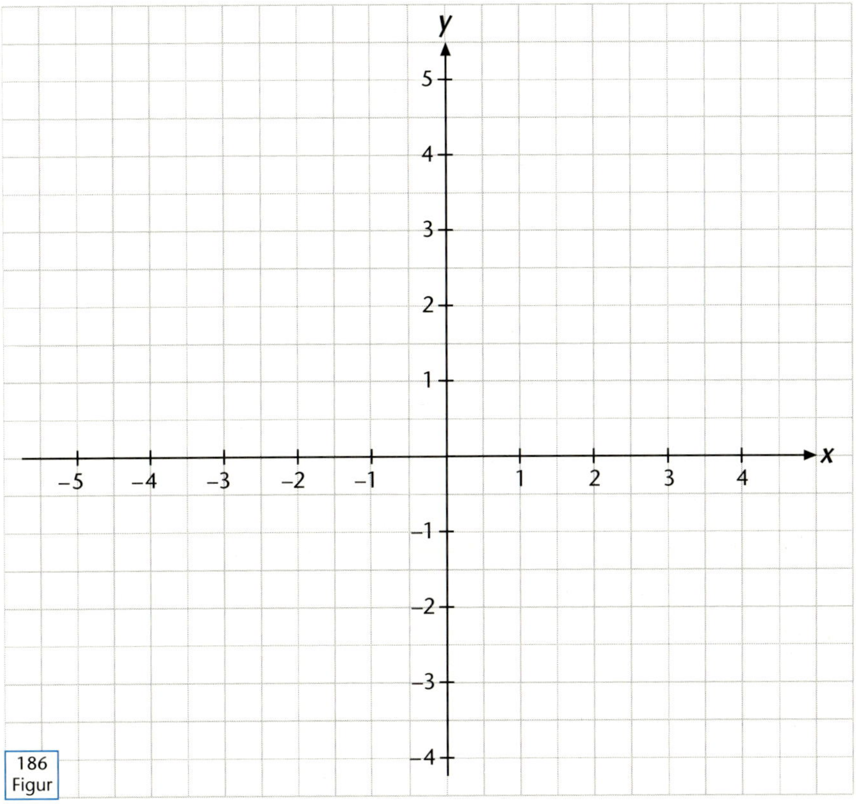


186 Figur

## 2.1 Zweifachverschiebung

Jetzt soll ein Dreieck $ABC$ zuerst um den Vektor $\vec{u}$ verschoben werden, sodass das Dreieck $A^*B^*C^*$ entsteht, und dieses Dreieck soll anschließend um den Vektor $\vec{v}$ verschoben werden, sodass das Dreieck $A'B'C'$ entsteht.

Beispiel Gegeben seien die Punkte $A\ (1|1)$, $B\ (3|1)$, $C\ (1|4)$ sowie die Vektoren $\vec{u} = \begin{pmatrix} 2 \\ 1 \end{pmatrix}$ und $\vec{v} = \begin{pmatrix} 2 \\ 3 \end{pmatrix}$.

Zeichne das $\triangle ABC$ ein.

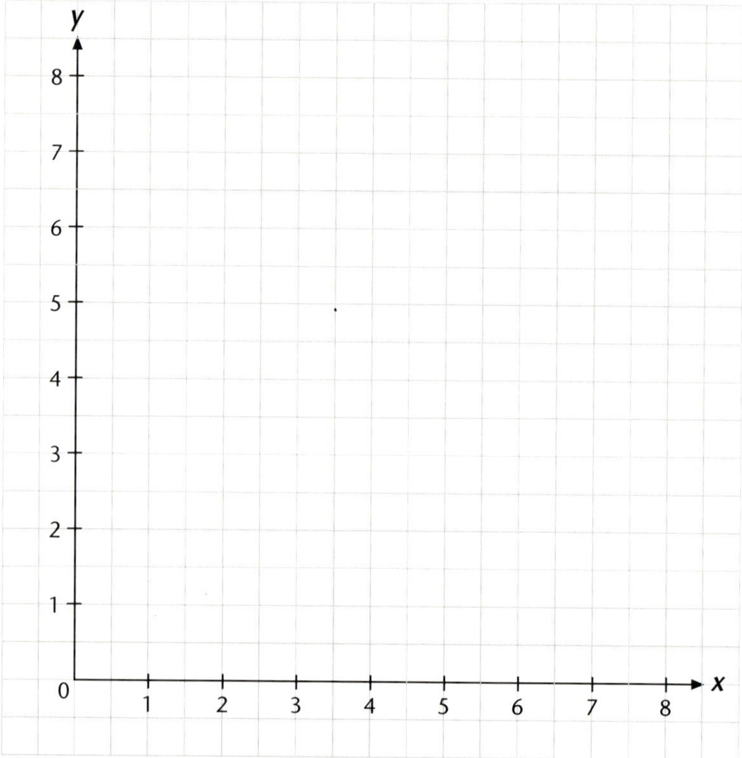


187 Figur

a) Verschiebe das $\triangle ABC$ um den Vektor $\vec{u}$ und zeichne das entstehende $\triangle A^*B^*C^*$ gestrichelt ein.

b) Verschiebe das $\triangle A^*B^*C^*$ um den Vektor $\vec{v}$ und zeichne das entsprechende $\triangle A'B'C'$ ein.

c) Zeichne mit Farbe gestrichelt die Vektoren $\overrightarrow{AA^*}$, $\overrightarrow{A^*A'}$, $\overrightarrow{BB^*}$, $\overrightarrow{B^*B'}$, $\overrightarrow{CC^*}$ und $\overrightarrow{C^*C'}$ ein und zeichne die Vektoren $\overrightarrow{AA'}$, $\overrightarrow{BB'}$, $\overrightarrow{CC'}$ mit Farbe ein.

d) Lies die Punktekoordinaten aus der Zeichnung ab

$A'$ (........ | ........); $B'$ (........ | ........); $C'$ (........ | ........)
und bestimme die Koordinaten der Vektoren:

$\overrightarrow{AA'} = \begin{pmatrix} \dots \\ \dots \end{pmatrix}$; $\overrightarrow{BB'} = \begin{pmatrix} \dots \\ \dots \end{pmatrix}$; $\overrightarrow{CC'} = \begin{pmatrix} \dots \\ \dots \end{pmatrix}$

e) Da die Vektoren $\overrightarrow{AA'}$, $\overrightarrow{BB'}$ und $\overrightarrow{CC'}$ alle .................... sind, gilt:
Zwei hintereinander ausgeführte Verschiebungen ergeben insgesamt wieder eine ........................................ .

f) Berechne die Summe der Vektoren $\vec{u}$ und $\vec{v}$ und vergleiche sie mit $\overrightarrow{AA'}$, $\overrightarrow{BB'}$ und $\overrightarrow{CC'}$.

$$\vec{u} \oplus \vec{v} = \begin{pmatrix} \ldots \\ \ldots \end{pmatrix} \oplus \begin{pmatrix} \ldots \\ \ldots \end{pmatrix} = \begin{pmatrix} \ldots + \ldots \\ \ldots + \ldots \end{pmatrix} = \begin{pmatrix} \ldots \\ \ldots \end{pmatrix}$$

g) Der **Gesamtverschiebungsvektor**, der sich ergibt, wenn man zwei Verschiebungen hintereinander ausführt, errechnet sich als .................................. der beiden Verschiebungsvektoren.

Mit den Ergebnissen aus e) und g) lässt sich die Abbildung so beschreiben:

Die Ersatzabbildung für die Zweifachverschiebung um die Vektoren $\vec{u}$ und $\vec{v}$ ist die Verschiebung um den Summenvektor $\vec{u} \oplus \vec{v}$.

Aufgabe G 10

Gegeben seien in Figur 188 im Zeichnungsteil die Punkte $P\,(-6|3)$, $Q\,(-3|4)$ und $R\,(-5|6)$ sowie die Vektoren

$$\vec{a} = \begin{pmatrix} 6 \\ -2 \end{pmatrix} \text{ und } \vec{b} = \begin{pmatrix} -4 \\ -5 \end{pmatrix}.$$

a) Zeichne das $\triangle PQR$ ein.

b) Verschiebe das $\triangle PQR$ um den Vektor $\vec{a}$ und zeichne das entstehende $\triangle P^*Q^*R^*$ ein.

c) Verschiebe das $\triangle P^*Q^*R^*$ um den Vektor $\vec{b}$ und zeichne das entstehende $\triangle P'Q'R'$ ein.

d) Zeichne mit Farbe gestrichelt die Vektoren $\overrightarrow{PP^*}$, $\overrightarrow{P^*P'}$, $\overrightarrow{QQ^*}$, $\overrightarrow{Q^*Q'}$, $\overrightarrow{RR^*}$ und $\overrightarrow{R^*R'}$ ein und zeichne mit Farbe die Vektoren $\overrightarrow{PP'}$, $\overrightarrow{QQ'}$ und $\overrightarrow{RR'}$ ein.

e) Lies die Punktkoordinaten ab

$P'\,(\ldots|\ldots)$; $Q'\,(\ldots|\ldots)$; $R'\,(\ldots|\ldots)$

und bestimme die Koordinaten der Vektoren:

$$\overrightarrow{PP'} = \begin{pmatrix} \ldots \\ \ldots \end{pmatrix};\ \overrightarrow{QQ'} = \begin{pmatrix} \ldots \\ \ldots \end{pmatrix};\ \overrightarrow{RR'} = \begin{pmatrix} \ldots \\ \ldots \end{pmatrix}$$

f) Berechne die Summe der Vektoren $\vec{a}$ und $\vec{b}$ und vergleiche sie mit den Vektoren $\overrightarrow{PP'}$, $\overrightarrow{QQ'}$ und $RR'$.

$\vec{a} \oplus \vec{b} =$ .................................................................. =

= ..............................................................

## 3. Gegenvektor und Nullvektor

Im nächsten Koordinatensystem sind die beiden Punkte $A$ und $A'$ eingezeichnet.

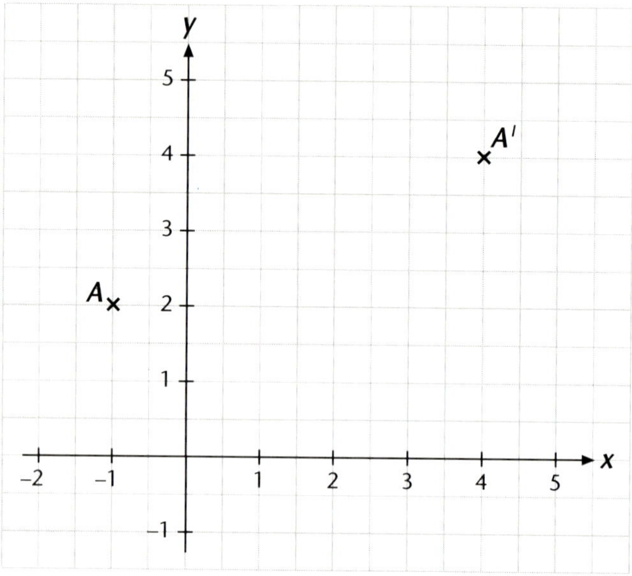


189
Figur

Lies ihre Koordinaten ab: $A$ (……… | ………) und $A'$ (……… | ………)
und bilde die beiden Vektoren:

$$\overrightarrow{AA'} = \begin{pmatrix} \dots - \dots \\ \dots - \dots \end{pmatrix} = \begin{pmatrix} \dots \\ \dots \end{pmatrix} \text{ und } \overrightarrow{A'A} = \begin{pmatrix} \dots - \dots \\ \dots - \dots \end{pmatrix} = \begin{pmatrix} \dots \\ \dots \end{pmatrix}$$

Hinweis: geometrischer Weg – vergleiche Abschnitt F 3;
rechnerischer Weg – vergleiche Seite 84.

Du weißt schon (vergleiche Seite 79):

Die beiden Vektoren $\overrightarrow{AA'}$ und $\overrightarrow{A'A}$ heißen ……………………………… .

Du siehst aus ihren Koordinaten:

Die beiden Koordinaten der Gegenvektoren unterscheiden sich nur durch je ein ………………zeichen.

Den **Gegenvektor** zum Vektor

$$\vec{v} = \begin{pmatrix} x_v \\ y_v \end{pmatrix} \text{ schreibt man:}$$

$$-\vec{v} = -\begin{pmatrix} x_v \\ y_v \end{pmatrix} = \begin{pmatrix} -x_v \\ -y_v \end{pmatrix}$$

Beachte, dass sich das Minuszeichen vor dem Vektor auf beide Koordinaten bezieht!

**Aufgaben**

**G 11**

Bilde die beiden Vektoren $\overrightarrow{PP'}$ und $\overrightarrow{P'P}$ für $P\,(2|-5)$ und $P'\,(-4|3)$:

$\overrightarrow{PP'} = \begin{pmatrix} \dots \\ \dots \end{pmatrix}$ und $\overrightarrow{P'P} = \begin{pmatrix} \dots \\ \dots \end{pmatrix}$

**G 12**

Bilde den Gegenvektor zu

a) $\vec{a} = \begin{pmatrix} 3 \\ 7 \end{pmatrix};\ -\vec{a} = \begin{pmatrix} \dots \\ \dots \end{pmatrix}$

c) $\vec{c} = \begin{pmatrix} 4 \\ -6 \end{pmatrix};\ -\vec{c} = \begin{pmatrix} \dots \\ \dots \end{pmatrix}$

b) $\vec{b} = \begin{pmatrix} -5 \\ 2 \end{pmatrix};\ -\vec{b} = \begin{pmatrix} \dots \\ \dots \end{pmatrix}$

d) $\vec{d} = \begin{pmatrix} -8 \\ -13 \end{pmatrix};\ -\vec{d} = \begin{pmatrix} \dots \\ \dots \end{pmatrix}$

**G 13**

Addiere jeweils Vektoren und Gegenvektoren von Aufgabe G 12.

a) $\vec{a} \oplus (-\vec{a}) = \begin{pmatrix} 3 \\ 7 \end{pmatrix} \oplus \begin{pmatrix} \dots \\ \dots \end{pmatrix} = \begin{pmatrix} \dots \\ \dots \end{pmatrix}$

b) $\vec{b}\ \dots\ (-\vec{b}) = \begin{pmatrix} -5 \\ 2 \end{pmatrix}\ \dots\ \begin{pmatrix} \dots \\ \dots \end{pmatrix} = \begin{pmatrix} \dots \\ \dots \end{pmatrix}$

c) $\vec{c}\ \dots\ (-\vec{c}) =$ .................... = ..........

d) $\vec{d}\ \dots\ (-\vec{d}$ = .................... = ..........

Bei der letzten Aufgabe ist dir sicher die Gesetzmäßigkeit aufgefallen:

Addiert man zu einem Vektor $\vec{v}$ seinen Gegenvektor $-\vec{v}$, so ergibt sich ein Vektor mit der $x$-Koordinate .......... und mit der $y$-Koordinate .............

$\vec{v} + (-\vec{v}) = \begin{pmatrix} 0 \\ 0 \end{pmatrix} = \vec{o}$ Dies ist der **Nullvektor**.

## 4. Vektorkette

Der letzte Abschnitt dieses Buches wird nicht immer im Mathematikunterricht behandelt. Wenn in deinem Physikunterricht aber das Problem auftaucht: „mehrere Kräfte greifen an einem Körper an“, kann dir das Folgende helfen! – Im nächsten Beispiel und in den anschließenden Aufgaben werden erstmals mehr als zwei Vektoren addiert.

Damit du die Gesetzmäßigkeiten erkennst, solltest du die Punkte und Vektoren immer in die gezeichneten Koordinatensysteme eintragen.

Beachte die Regeln:

- Der Vektor $\overrightarrow{PQ}$ hat den Anfangspunkt $P$ und den Endpunkt (Pfeilspitze) $Q$.
- Vektorbestimmung: „.......... punkt minus .................... punkt“ (Regel Seite 84).

**Beispiel** Gegeben sind die Punkte $P\,(2|-1)$, $Q\,(4|2)$, $R\,(1|5)$ und $S\,(-3|3)$.
Zeichne die Punkte ein.

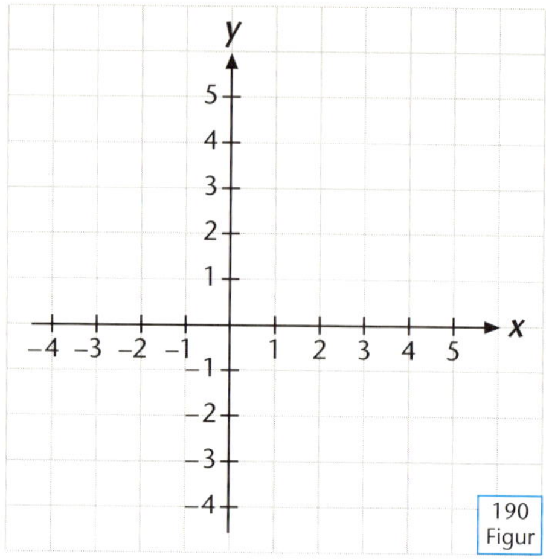

190 Figur

a) Zeichne die Vektoren ein:
$\overrightarrow{PQ}$, $\overrightarrow{QR}$, $\overrightarrow{RS}$ und $\overrightarrow{SP}$.

b) Berechne die Koordinaten der Vektoren:

$$\overrightarrow{PQ} = \begin{pmatrix} x_Q - x_P \\ y_Q - y_P \end{pmatrix} = \begin{pmatrix} 4 - \;\;2 \\ 2 - (-1) \end{pmatrix} = \begin{pmatrix} 2 \\ 3 \end{pmatrix}$$

$$\overrightarrow{QR} = \begin{pmatrix} x_R - x_Q \\ y_R - y_Q \end{pmatrix} = \begin{pmatrix} \dots \\ \dots \end{pmatrix} = \begin{pmatrix} \dots \\ \dots \end{pmatrix}$$

$$\overrightarrow{RS} = \begin{pmatrix} \dots \\ \dots \end{pmatrix} = \begin{pmatrix} \dots \\ \dots \end{pmatrix} = \begin{pmatrix} \dots \\ \dots \end{pmatrix} \qquad \overrightarrow{SP} = \dots$$

c) Addiere die Vektoren:

$$\overrightarrow{PQ} \oplus \overrightarrow{QR} \oplus \overrightarrow{RS} \oplus \overrightarrow{SP} =$$

$$= \begin{pmatrix} 2 \\ 3 \end{pmatrix} \oplus \begin{pmatrix} \dots \\ \dots \end{pmatrix} \oplus \begin{pmatrix} \dots \\ \dots \end{pmatrix} \oplus \begin{pmatrix} \dots \\ \dots \end{pmatrix} = \begin{pmatrix} 2 + \dots + \dots + \dots \\ \dots + \dots + \dots + \dots \end{pmatrix} = \begin{pmatrix} \dots \\ \dots \end{pmatrix}$$

Dieses Ergebnis kannst du in den nächsten Aufgaben bestätigen und anschließend in einem Satz zusammenfassen.

## Aufgaben

**G 14** Gegeben sind die Punkte $A\,(-6|5)$, $B\,(3|-1)$, $C\,(2|4)$, $D\,(-1|1)$, $E\,(-5|6)$.

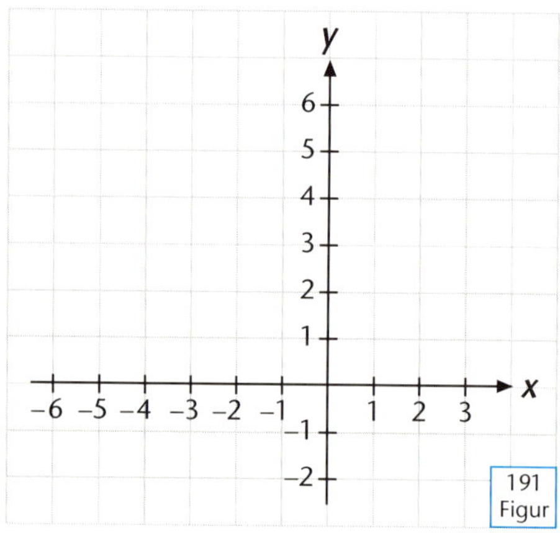

191 Figur

a) Zeichne die Punkte ein.

b) Zeichne die Vektoren ein:
$\overrightarrow{AB}$, $\overrightarrow{BC}$, $\overrightarrow{CD}$, $\overrightarrow{DE}$, $\overrightarrow{EA}$

c) Berechne die Koordinaten der Vektoren auf einem Beiblatt und trage hier die Ergebnisse ein:

$$\overrightarrow{AB} = \begin{pmatrix} \dots \\ \dots \end{pmatrix}; \quad \overrightarrow{BC} = \begin{pmatrix} \dots \\ \dots \end{pmatrix};$$

$$\overrightarrow{CD} = \begin{pmatrix} \dots \\ \dots \end{pmatrix}; \quad \overrightarrow{DE} = \begin{pmatrix} \dots \\ \dots \end{pmatrix}; \quad \overrightarrow{EA} = \begin{pmatrix} \dots \\ \dots \end{pmatrix}$$

d) Addiere die Vektoren

$$\overrightarrow{AB} \oplus \overrightarrow{BC} \oplus \overrightarrow{CD} \oplus \overrightarrow{DE} \oplus \overrightarrow{EA} =$$

$$= \begin{pmatrix} \dots \\ \dots \end{pmatrix} \oplus \begin{pmatrix} \dots \\ \dots \end{pmatrix} \oplus \begin{pmatrix} \dots \\ \dots \end{pmatrix} \oplus \begin{pmatrix} \dots \\ \dots \end{pmatrix} \oplus \begin{pmatrix} \dots \\ \dots \end{pmatrix} =$$

$$= \begin{pmatrix} 9 + \dots + \dots + \dots + \dots \\ -6 + \dots + \dots + \dots + \dots \end{pmatrix} = \begin{pmatrix} \dots \\ \dots \end{pmatrix}$$

**G 15**

Gegeben sind die Punkte $F\,(0|0)$, $G\,(5|2)$, $H\,(-3|4)$, $I\,(-2|-3)$.

a) Zeichne die Punkte ein.

b) Zeichne die Vektoren ein: $\overrightarrow{FG}, \overrightarrow{GH}, \overrightarrow{HI}, \overrightarrow{IF}$

c) Berechne die Vektoren:

$\overrightarrow{FG} = \begin{pmatrix} \dots \\ \dots \end{pmatrix}$; $\overrightarrow{GH} = \begin{pmatrix} \dots \\ \dots \end{pmatrix}$;

$\overrightarrow{HI} = \begin{pmatrix} \dots \\ \dots \end{pmatrix}$; $\overrightarrow{IF} = \begin{pmatrix} \dots \\ \dots \end{pmatrix}$

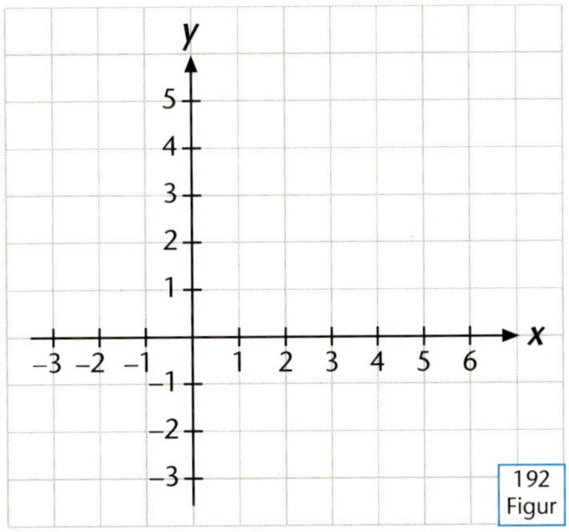


d) Addiere die Vektoren:

$$\overrightarrow{FG} \oplus \overrightarrow{GH} \oplus \overrightarrow{HI} \oplus \overrightarrow{IF} =$$

$$= \begin{pmatrix} \dots \\ \dots \end{pmatrix} \oplus \begin{pmatrix} \dots \\ \dots \end{pmatrix} \oplus \begin{pmatrix} \dots \\ \dots \end{pmatrix} \oplus \begin{pmatrix} \dots \\ \dots \end{pmatrix} =$$

= ............................................................................................

**Aufgabe G 16**

Gegeben sind die Punkte $L\,(4|-6)$, $M\,(5|1)$, $N\,(-3|4)$, $K\,(-2|-3)$.

a) Zeichne die Punkte ein.

b) Zeichne folgende Vektoren ein: $\overrightarrow{KM}$, $\overrightarrow{MN}$, $\overrightarrow{NL}$, $\overrightarrow{LK}$

c) Berechne die Koordinaten der Vektoren:

$\overrightarrow{KM} = \begin{pmatrix} \dots \\ \dots \end{pmatrix}$; $\overrightarrow{MN} = \begin{pmatrix} \dots \\ \dots \end{pmatrix}$;

$\overrightarrow{NL} = \begin{pmatrix} \dots \\ \dots \end{pmatrix}$; $\overrightarrow{LK} = \begin{pmatrix} \dots \\ \dots \end{pmatrix}$

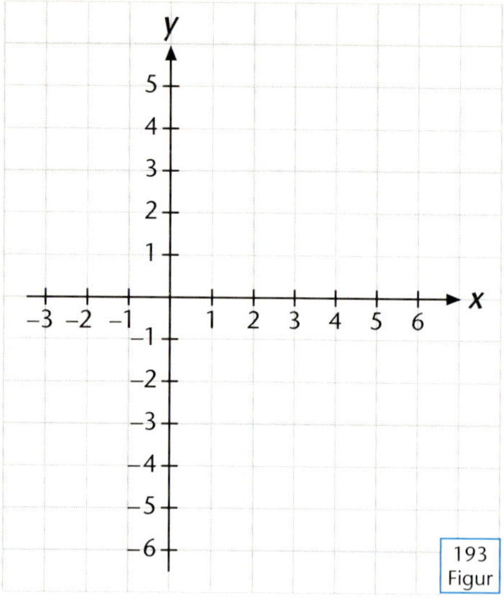


193 Figur

d) Addiere die Vektoren

$\overrightarrow{KM} \oplus \overrightarrow{MN} \oplus \overrightarrow{NL} \oplus \overrightarrow{LK} =$

$= \begin{pmatrix} \dots \\ \dots \end{pmatrix} \oplus \begin{pmatrix} \dots \\ \dots \end{pmatrix} \oplus \begin{pmatrix} \dots \\ \dots \end{pmatrix} \oplus \begin{pmatrix} \dots \\ \dots \end{pmatrix} =$

$=$ ..........................................................

**Zusammenfassung**

Die behandelten Vektorketten hatten die Eigenschaften, dass

- die Pfeilspitze eines Vektors jeweils mit dem *Anfangs- / End*punkt des nächsten Vektors zusammenfällt und
- die Pfeilspitze des letzten Vektors mit dem Anfangspunkt des .................... Vektors zusammenfällt.

Mit anderen Worten: „Wenn du die Vektorkette entlangspazierst, kehrst du zum Ausgangspunkt zurück!“

Eine Vektorkette mit diesen beiden Eigenschaften heißt **geschlossene Vektorkette**.

Die Addition aller Vektoren einer geschlossenen Vektorkette ergibt immer den ..................... vektor.

Falls die Vektorkette nicht geschlossen ist,

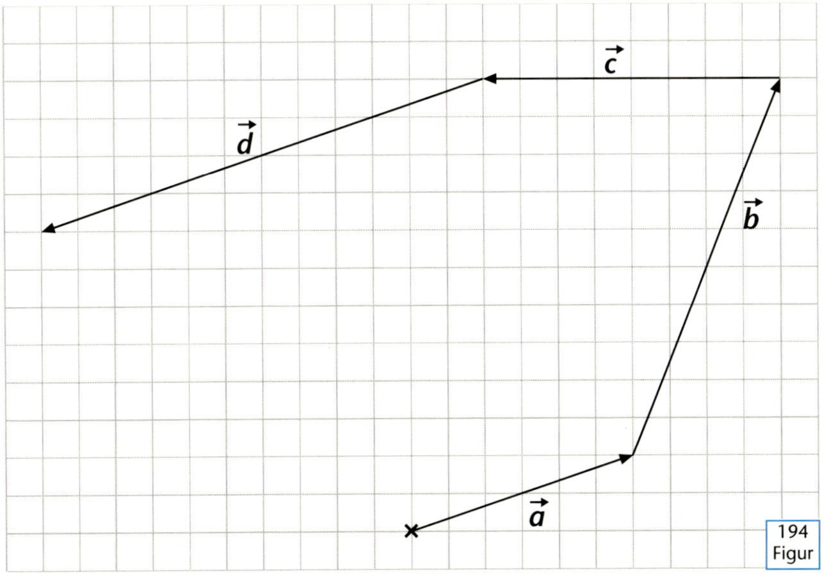


194 Figur

ergibt sich bei der Addition der Vektoren $\vec{a} \oplus \vec{b} \oplus \vec{c} \oplus \vec{d}$ der Summenvektor $\vec{s}$.

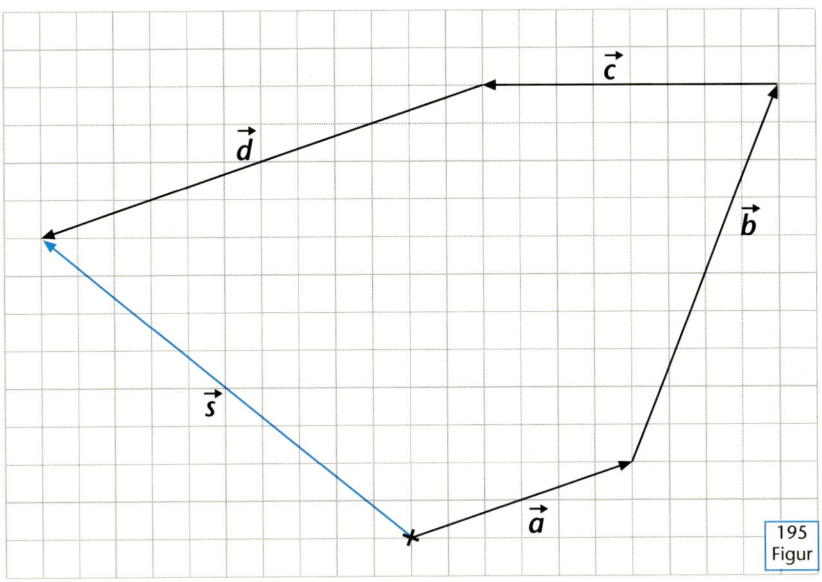


195 Figur

In der Physik heißt dieser (Kraft-)Vektor auch **resultierender** (Kraft-)**Vektor**.

**Beispiel** Gegeben seien die Vektoren $\vec{a} = \begin{pmatrix} 3 \\ 1 \end{pmatrix}$, $\vec{b} = \begin{pmatrix} 2 \\ 5 \end{pmatrix}$, $\vec{c} = \begin{pmatrix} -4 \\ 0 \end{pmatrix}$ und $\vec{d} = \begin{pmatrix} -6 \\ -2 \end{pmatrix}$.

Die Addition der Vektoren ergibt:

$$\vec{a} \oplus \vec{b} \oplus \vec{c} \oplus \vec{d} =$$

$$= \begin{pmatrix} \ldots \\ \ldots \end{pmatrix} \oplus \begin{pmatrix} \ldots \\ \ldots \end{pmatrix} \oplus \begin{pmatrix} \ldots \\ \ldots \end{pmatrix} \oplus \begin{pmatrix} \ldots \\ \ldots \end{pmatrix} =$$

$$= \begin{pmatrix} \ldots + \ldots + \ldots + \ldots \\ \ldots + \ldots + \ldots + \ldots \end{pmatrix} = \begin{pmatrix} \ldots \\ \ldots \end{pmatrix} = \vec{s}$$

## Aufgabe G 17

Am Ende des Markttages binden drei Bauern ihre Ochsen vor dem Wirtshaus an einen Pfosten. Zunächst stehen die Ochsen ruhig nebeneinander, bis sie plötzlich mit unterschiedlichen Kräften in drei verschiedene Richtungen ziehen. Der Pfosten hält dieser Belastung nicht stand und wird fortgerissen.

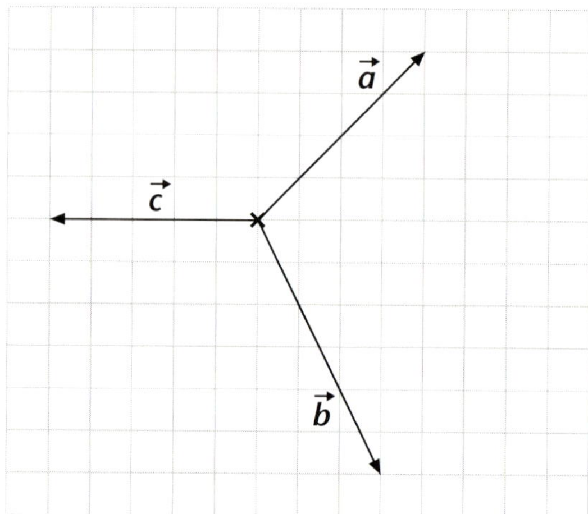


196 Figur

In der Figur sind die drei Kraftvektoren ($\vec{a}$, $\vec{b}$, $\vec{c}$) gezeichnet; die Länge der Vektoren steht jeweils für die Größe der Kräfte.

Addiere die drei Vektoren zeichnerisch und bestimme so den resultierenden Kraftvektor $\vec{s}$, in dessen Richtung der Pfosten fortgerissen wird, mit $\vec{s} = \vec{a} + \vec{b} + \vec{c}$.

Die Lerntipps dieses Bandes beschäftigen sich mit den Themen Hausaufgaben und Klassenarbeiten – beides vielleicht nicht immer beliebt, aber wichtig!

Im Band Geometrie 2 (ML 626) findest du dann einige Übungen zum Entspannen – damit du wieder aufatmen kannst!

# Wie oft stellst du dir durchschnittlich ein Bein?

***Eine blöde Frage, nicht wahr? Wörtlich genommen stellt man sich ja wirklich nur selten ein Bein. Aber im übertragenen Sinne tun viele es ziemlich oft.***

Viele Menschen (nicht nur Schüler!) haben eine auffällige Verwandtschaft zu Faultieren. „Was du heute kannst besorgen, das verschieb getrost auf morgen!", lautet ihr Motto. Oder: „Hausaufgaben sind Luxus, und Luxus kann ich mir nicht leisten."

Womit wir schon beim leidigen Thema wären: den Hausaufgaben. Sicher, Arbeit hat immer mit Anstrengung zu tun, und die versucht man gerne zu vermeiden. Aber bezogen auf Hausaufgaben gilt leider der Satz: Der Preis für einen kurzen Lustgewinn ist oft lange Unlust.

**Wer Hausaufgaben nicht oder nur schlampig macht, stellt sich wirklich selbst ein Bein –** leider fällt er oft erst einige Zeit später auf die Nase und bemerkt den Zusammenhang zur früheren Nachlässigkeit nicht. Hausaufgaben vernünftig zu machen, erspart dir auf Dauer Nachteile in Form schlechterer Noten und eines größeren Zeitaufwands.
Vielleicht überzeugen dich (bzw. deinen „inneren Schweinehund") die folgenden fünf Argumente:

- **Argument 1:**
  Wer Hausaufgaben schlampig und „schnell-schnell" erledigt, lernt nichts dazu. Schreibt der Lehrer überraschend in der nächsten Stunde eine Arbeit oder fragt er dich aus, stehst du dumm da.

- **Argument 2:**
  Hausaufgaben sind Übungsgelegenheiten. Wer jetzt nichts lernt, muss es irgendwann einmal nachholen, spätestens vor der nächsten angesagten Prüfung.

  Der kurzfristige Zeitgewinn ist also nur Schein!

- **Argument 3:**
  Schlimmer noch: Wer bei den Hausaufgaben schlampt, muss den Stoff später praktisch neu lernen und das kostet viel mehr Zeit, ist sehr aufwendig und erzeugt bzw. verstärkt Prüfungsangst.

  Oft hat man außerdem niemanden zur Hand, der einem den Stoff dann erklären kann.

- **Argument 4:**
  Langfristig wird die Zeit länger, die man für das Anfertigen einer Hausaufgabe braucht, denn man muss all das, was man früher nicht richtig gelernt hat, nachschauen und nacharbeiten.

- **Argument 5:**
  Wenn man neuen Stoff lernen will/muss, aber den alten, der die Basis bildet, nicht begriffen bzw. eingeübt hat, ist das, als wollte man eine Jacke in der Luft aufhängen - sie fällt herunter. Der alte Stoff ist sozusagen der Haken, an den man den neuen hängen kann.

***Wer bei Hausaufgaben schlampt, spart nur im Moment Zeit - auf Dauer muss er sie dann doch aufwenden, meist sogar noch mehr! Wer hingegen clever ist, macht seine Hausaufgaben regelmäßig - dann braucht er weit weniger Zeit bei der Prüfungsvorbereitung und bei späteren Hausaufgaben und hat zugleich bessere Noten. Ist doch logo!***

# Klassenarbeiten vorbereiten

# clever und mit System

***Die Vorbereitung beginnt viel früher, als viele meinen: nämlich in jeder laufenden Unterrichtsstunde, die zur nächsten Arbeit gehört, sowie bei den täglichen Hausaufgaben. Du kannst dir wirklich viel Zeit und Nerven unmittelbar vor der Arbeit sparen, wenn du diesen Gedanken ernst nimmst. Denn das hatten wir ja grade schon: Was du im Laufe der Zeit nicht lernst, musst du irgendwann einmal nachholen. Und das ist meist viel anstrengender!***

## Fünf Schritte umfasst eine sinnvolle, langfristig angelegte und damit clevere Vorbereitung:

**1. Schritt:**
aktive Teilnahme am Unterricht

**2. Schritt:**
ordentliche, übersichtliche und fehlerfreie Heftführung

**3. Schritt:**
sorgfältiges Erledigen der Hausaufgaben und Nachbereitung der Unterrichtsstunde (Nachbereitung bedeutet, dass du dich nochmals kurz mit dem beschäftigst, was du in der Unterrichtsstunde gelernt hast, und Unverstandenes sofort zu klären versuchst.)

**4. Schritt:**
laufende Wiederholung

**5. Schritt:**
Vorbereitung unmittelbar vor der Klassenarbeit

Jeder dieser Schritte ist wie eine Stufe auf dem Weg zu einer erfolgreich bewältigten Klassenarbeit. Wenn du eine Stufe auslässt, werden die späteren Stufen um so höher.

Solltest du z.B. deine Hefte schlampig führen, wirst du schon von Stunde zu Stunde nicht gründlich lernen können und bald kennst du dich dann in deinem Heft gar nicht mehr aus.

Falls du sogar erst unmittelbar vor der Arbeit anfängst richtig zu lernen, ist der Arbeitsberg oft so hoch, dass du ihn nur unter gewaltigen Anstrengungen erklimmen kannst und trotzdem oft wenig erfolgreich abschneiden wirst.

Auf die Vorbereitung unmittelbar vor der Arbeit kann man freilich nicht ganz verzichten, denn man muss den Stoff ja auffrischen. Die Zeit, die du dafür benötigst, wird aber um so kürzer, je mehr du die Schritte 1 bis 4 beachtet hast. Denn du brauchst den Stoff eben nur zu wiederholen, nicht praktisch neu zu lernen. Außerdem gibt es keine tieferen Verständnisprobleme mehr, die in der knappen Zeit oft nicht mehr klärbar sind.

## Und so kannst du die Vorbereitung unmittelbar vor einer Klassenarbeit clever und mit System betreiben:

- **Überblick:**
  Spätestens 10 Tage vor der Arbeit solltest du wissen, welche Stoffgebiete genau drankommen. Frag ruhig deinen Lehrer/deine Lehrerin, wenn er/sie es nicht von sich aus rechtzeitig mitteilt.

  Und frag ruhig nach, wenn die Antwort sehr allgemein ist (zum Beispiel „Stoff ist alles, was wir gemacht haben")!

- **Aufteilung des Stoffes:**
  Teile dir den zu wiederholenden Stoff in kleine, verdaubare Portionen auf! Wie viel Zeit du pro Tag brauchst, hängt natürlich davon ab, ob du den Stoff nur wiederholen oder praktisch neu lernen musst.

  Nun erstellst du einen Arbeitsplan. Und immer wenn du einen Abschnitt geschafft hast, kannst du genussvoll einen Punkt deines Arbeitsplanes durchstreichen. So siehst du, wie der Berg immer kleiner wird - das ist wichtig fürs Selbstbewusstsein.

  Wenn du eine Portion bearbeitest, solltest du übrigens zunächst immer erst den entsprechenden Hefteintrag studieren, bevor du Aufgaben löst.

- **Aufteilung des Vorbereitungszeitraums:**
  Der erste Abschnitt dient dazu, dass du den Stoff einmal gründlich durcharbeitest bzw. wiederholst. Drei bis vier Tage vor der Arbeit solltest du alles kapiert haben. Dann kommt garantiert kein Stress auf!
  Im zweiten Abschnitt übst du gezielt die Aufgaben, die drankommen, schleifst also die Lösungswege ein.

- **Training auf Zeit betreiben:**
  In der Klassenarbeit muss man ja eine Aufgabe nicht nur überhaupt lösen können, sondern es in einer gewissen Zeit schaffen. Viele machen den Fehler, das nicht schon vor der Prüfung zu trainieren, und ärgern sich dann, wenn sie die Arbeit verhauen.

  Lasse dir von deinem Lehrer/deiner Lehrerin sagen, wie viel Zeit du für die Berechnung einer Aufgabe brauchen darfst, und übe das dann während der Vorbereitung.

  Wenn möglich, sollte man das Zeittraining schon bei den laufenden Hausaufgaben durchziehen (natürlich erst dann, wenn man den Stoff kapiert hat).

- **Der letzte Tag:**
  Lerne am letzten Tag nichts mehr, was dich noch verwirren könnte, sondern beschränke dich auf eine großzügige Wiederholung.

  Vor allem jedoch solltest du am letzten Tag das tun, was dir Spaß macht und womit du dich entspannen kannst.

  Wer am letzten Tag noch ein schwieriges Kapitel lernen muss, das er ständig vor sich hergeschoben hat, darf sich nicht wundern, wenn er Angst bekommt und unsicher wird. Zudem findet man jetzt oft niemanden mehr, der einem helfen kann.

**Wenn du dieses Programm durchgezogen hast, bist du toll vorbereitet und es sollte klappen in der Klassenarbeit!**

# Mathematische Zeichen und Abkürzungen

| | |
|---|---|
| $\mathbb{N}$ | Menge der natürlichen Zahlen $\mathbb{N} = \{1; 2; 3; 4; \ldots\}$ |
| $\mathbb{N}_0$ | Menge der natürlichen Zahlen einschließlich der Null $\mathbb{N}_0 = \{0; 1; 2; 3; 4; \ldots\}$ |
| $\mathbb{Z}$ | Menge der ganzen Zahlen $\mathbb{Z} = \{\ldots -3; -2; -1; 0; 1; 2; 3; \ldots\}$ |
| $\mathbb{Q}$ | Menge der rationalen Zahlen (Zur Menge der ganzen Zahlen kommen noch die Brüche hinzu.) |
| $\mathbb{Q}^+$ | Menge der positiven rationalen Zahlen |
| $\mathbb{Q}^-$ | Menge der negativen rationalen Zahlen |
| $\mathbb{R}$ | Menge der reellen Zahlen (Zur Menge der rationalen Zahlen kommen noch die irrationalen Zahlen, z. B. 2; $\pi$ …, hinzu.) |
| $\{\,\}$ oder $\emptyset$ | leere Menge |
| $\{a; b; c\}$ | Menge mit den Elementen $a$, $b$ und $c$ |
| $\{x \mid \ldots\}$ | Menge aller $x$, für die gilt … bzw. Menge aller $x$ mit der Eigenschaft … |
| $\mathbb{G}$ | Grundmenge |
| $\mathbb{D}$ | Definitionsmenge |
| $\mathbb{L}$ | Lösungsmenge |
| $\setminus$ | ohne; z. B. $A \setminus B$ Menge $A$ ohne Menge $B$ |
| $\in$ | … Element von … |
| $\notin$ | … nicht Element von … |
| $\subseteq$ | … Teilmenge von … |
| $\subset$ | … echte Teilmenge von … |
| $\cup$ | … vereinigt mit … |
| $\cap$ | … geschnitten mit … |
| $\vee$ | … oder auch … |
| $\wedge$ | … und zugleich … |
| $\neg$ | nicht … bzw. Verneinung |
| $=$ | … gleich … |
| $\neq$ | … nicht gleich … |
| $\triangleq$ | entspricht |
| $>$ | … größer als … |
| $\geqq$ | … größer oder gleich … |
| $<$ | … kleiner als … |
| $\leqq$ | … kleiner oder gleich … |
| $\approx$ | … ungefähr gleich … |
| $\sim$ | … direkt proportional … bzw. … ähnlich zu … |
| $\Rightarrow$ | aus … folgt bzw. wenn … dann … |
| $\Leftrightarrow$ | … äquivalent … bzw. … genau dann, wenn … |
| $\lvert x \rvert$ | (absoluter) Betrag von $x$ |
| $a$ | Wurzel aus $a$ |
| $f, g, h \ldots$ | Funktionen |
| $f^*; f^{-1}$ | Umkehrfunktion |
| $P, A, B, \ldots$ | Punkte |
| $P\,(x \mid y)$; $P\,(x/y)$ | Punkt $P$ mit den Koordinaten $x$ und $y$ |
| $g, h, \ldots$ | Geraden |
| $PQ$ | Gerade durch $P$ und $Q$ |
| $[PQ$ | Halbgerade durch $Q$ mit dem Anfangspunkt $P$ |
| $[PQ]$ | Strecke mit den Endpunkten $P$ und $Q$ |
| $\overline{PQ}$ | Länge der Strecke $[PQ]$ |
| $k\,(M; r)$ | Kreislinie mit dem Mittelpunkt $M$ und dem Radius $r$ |
| $\sphericalangle PQR$ | Winkel mit dem Scheitel $Q$ und dem ersten Schenkel $[QP$ und dem zweiten Schenkel $[QR$ bzw. Maß dieses Winkels bzw. Größe dieses Winkels |
| $\alpha, \beta, \gamma, \varphi, \psi, \omega \ldots$ | Maße von Winkeln |
| $\perp$ | … senkrecht auf … bzw. … orthogonal zu … bzw. … rechtwinklig zu … |
| $\parallel$ | … parallel zu … |
| $\cong$ | … kongruent zu … |
| $\overrightarrow{PQ}$ | Vektor |
| $\vec{a}$ | Vektor |

| | |
|---|---|
| $\lvert\vec{a}\rvert$ oder $a$ | Länge des Vektors $\vec{a}$ |
| $\begin{pmatrix} a \\ b \end{pmatrix}$ | Vektor mit den Komponenten bzw. Koordinaten $a$ und $b$ |
| $\xmapsto{a}$ | … wird durch eine Achsenspiegelung an der Achse $a$ abgebildet auf … |
| $\xmapsto{Z}$ | … wird durch eine Punktspiegelung am Punkt $Z$ abgebildet auf … |
| $\xmapsto{D;\,\psi}$ | … wird durch eine Drehung um den Punkt $D$ mit dem Drehwinkel $\varphi$ abgebildet auf … |
| $\xmapsto{\vec{v}}$ | … wird durch die Verschiebung um den Vektor $\vec{a}$ abgebildet auf … |
| $\overset{\frown}{S_1 S_2}$ | Kreisbogen von $S_1$ nach $S_2$ (gegen den Uhrzeigersinn) |
| ⊾ | rechter Winkel bzw. Winkel mit 90° |
| $d(P; g) = 2\text{ cm}$ | Abstand des Punktes $P$ von der Geraden $g$ gleich zwei Zentimeter |
| $\sphericalangle(g; h)$ | Winkel mit dem ersten Schenkel $g$ und dem zweiten Schenkel $h$ |
| $w_\alpha$ | Winkelhalbierende des Winkels $\alpha$ |
| $h_c$ | Höhe auf die Seite $c$ |
| $m_c$ | Mittelsenkrechte der Seite $c$ |
| $\triangle ABC$ | Dreieck mit den Eckpunkten $A$, $B$ und $C$ |
| $\mathbb{E}$ | Ebene |
| $q$ | Abbildungsmaßstab |
| $\omega$ | Abbildungswinkel |
| $V$ | Volumen bzw. Rauminhalt |
| $A$ | Flächeninhalt |
| $E$ | Ereignis |
| $m$ | Mittelwert |
| $\Omega$ | Ergebnisraum |
| $\bar{E}$ | Gegenereignis |
| $P(E)$ | Wahrscheinlichkeit von $E$ |
| $\lvert E\rvert$ | Mächtigkeit von $E$ |
| $\sigma$ | Streuung bzw. Standardabweichung |
| $E(x)$ | Erwartungswert von $x$ |
| $mA(x)$ | mittlere Abweichung von $x$ |
| $Var(x)$ | Varianz von $x$ |

# Stichwortverzeichnis

## L



## M



## N



## O



## P



## Q



## R



## S

## T



## U



## V



## W



## X



## Y



## Z

*hier Pappe unterlegen, mit Messer anritzen und heraustrennen (aus technischen Gründen nicht perforiert)*

**A 5** Konstruiere den Punkt $C$ auf $[AB$ so, dass gilt:

$\overline{AC} = \overline{DE}$

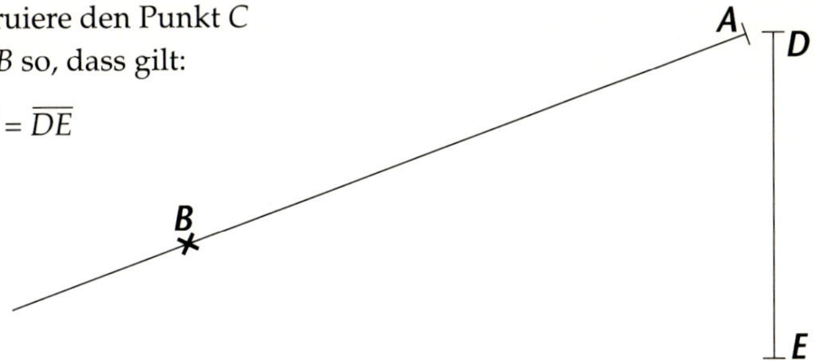


16 Figur

**A 6** Markiere in Figur 18 die Punkte: a) $A\,(2|1)$ b) $B\,(3|6)$

**A 7** Zeichne in Figur 18 die Strecke $[CD]$ mit $C\,(1|2)$ und $D\,(5|5)$.

**A 8** Zeichne in Figur 18 die Gerade $EF$ mit $E\,(2|5)$ und $F\,(9|2)$.

18 Figur

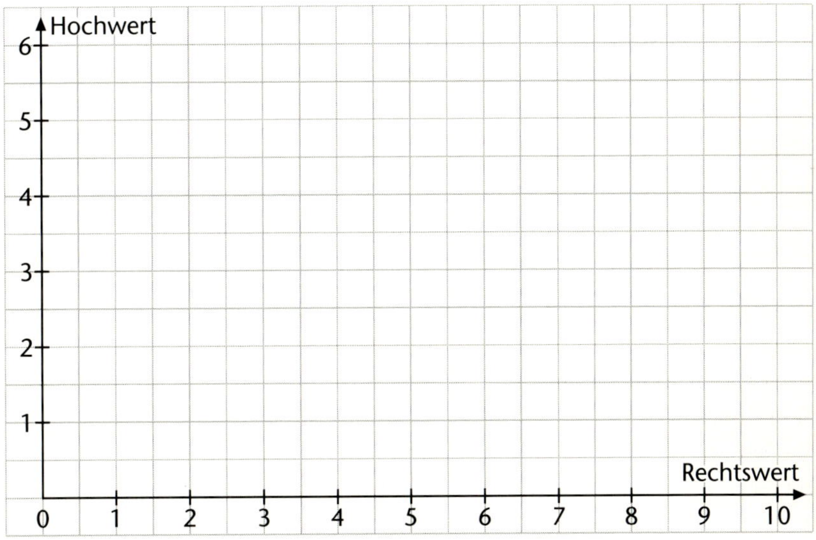


## Konstruktion

Konstruiere $P'$ mit $P \overset{a}{\longmapsto} P'$.

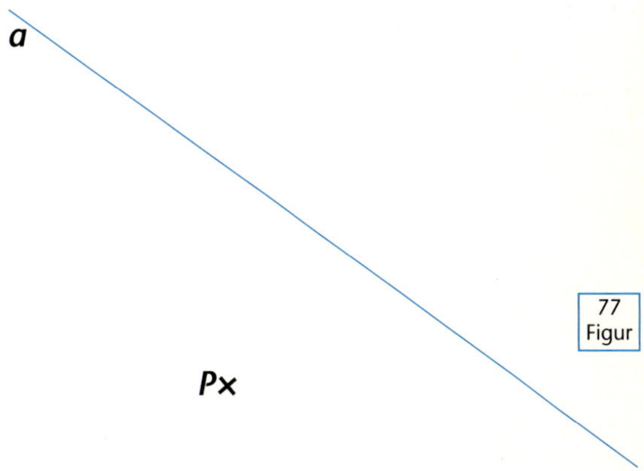


77 Figur

**B 2** Konstruiere die Spiegelbilder der Figuren 78 bis 82 durch Spiegelung an der Achse *a*.

78 Figur

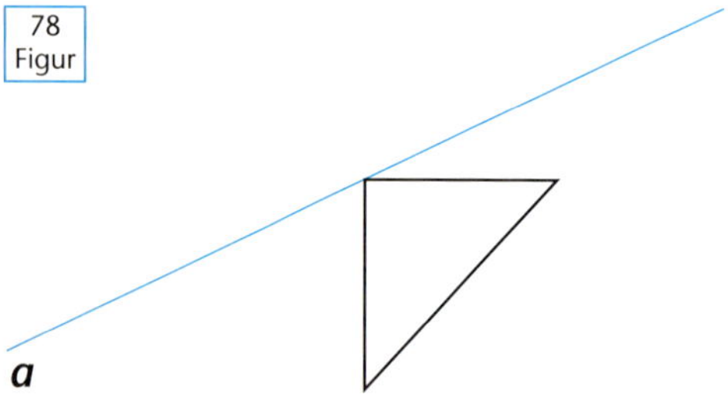


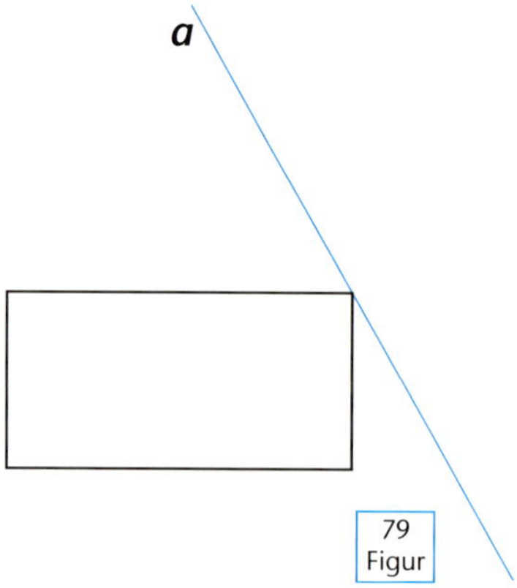


79 Figur

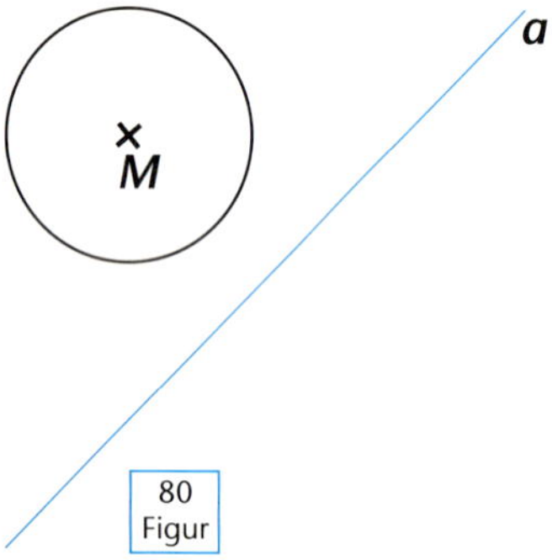


80 Figur

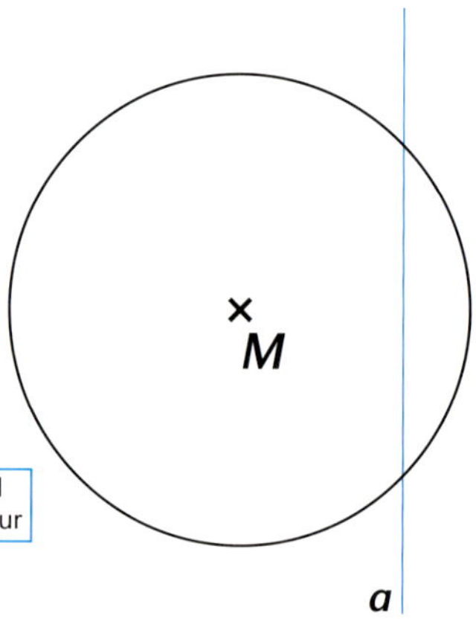


81 Figur

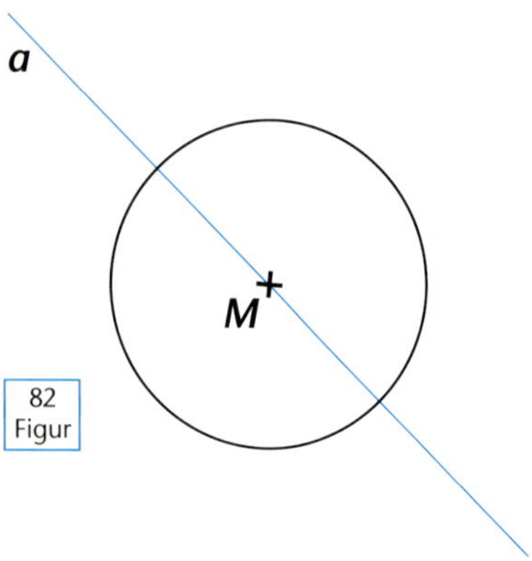


82 Figur

hier Pappe unterlegen, mit Messer anritzen und heraustrennen (aus technischen Gründen nicht perforiert)

**B 4** Zeichne $\triangle A'B'C'$
mit $\triangle ABC \xmapsto{a} \triangle A'B'C'$

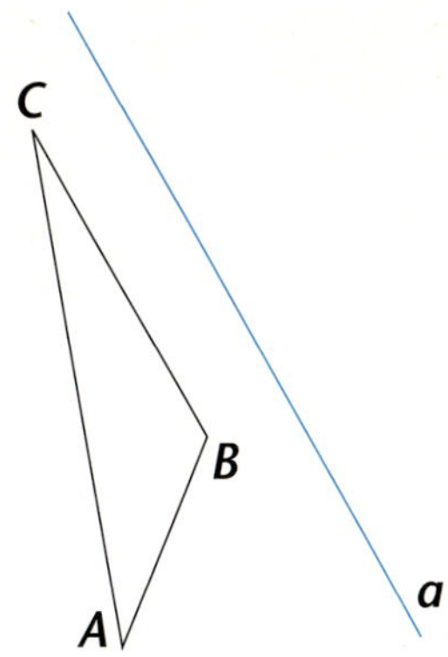


85
Figur

**B 5**

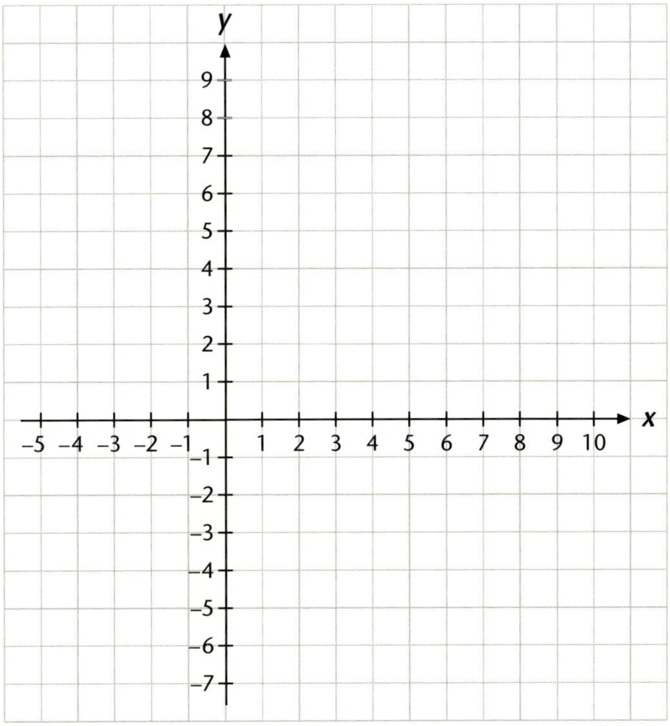


92
Figur

**C 1** Konstruiere die Symmetrieachse *a* zu den gegebenen Punkten *A* und *B*, sodass gilt:

$A \xmapsto{a} B$

99
Figur

Errichte die Mittelsenkrechte $h$ zu $[AB]$.

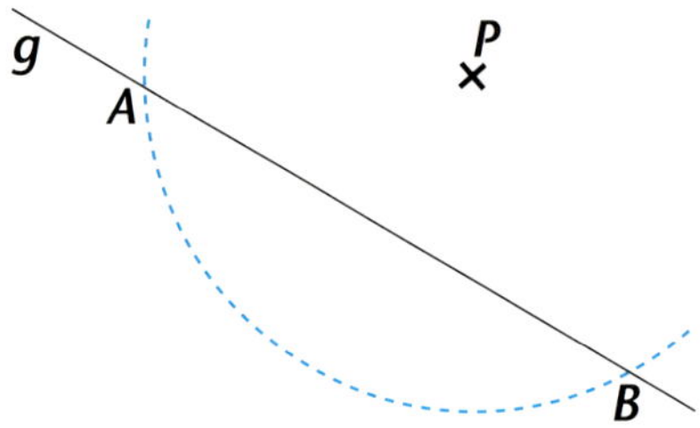


101c
Figur

## C 2

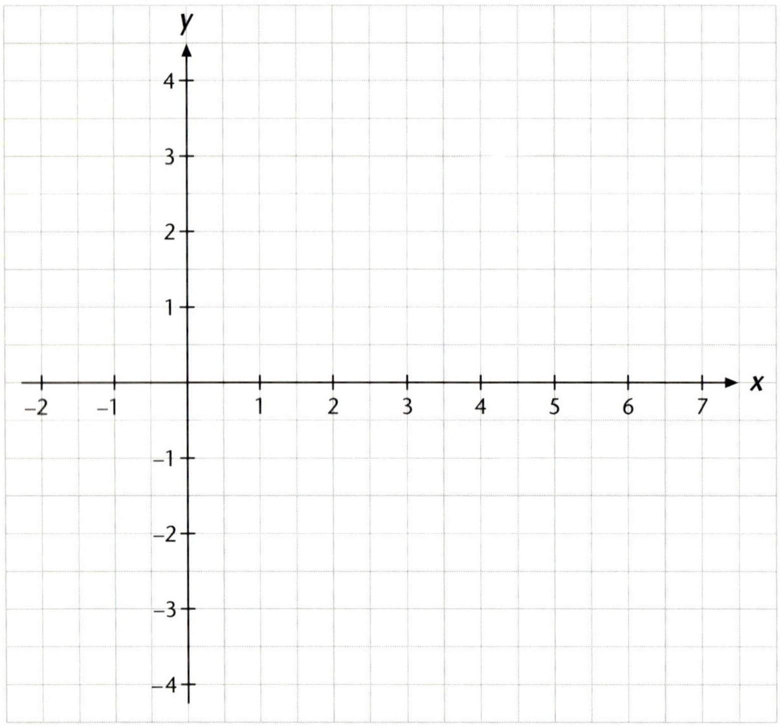


102
Figur

Ergebnis: $d =$ ........ .

## C 3

Konstruiere die Parallele $a$ zur Geraden $b$ durch den Punkt $A$.

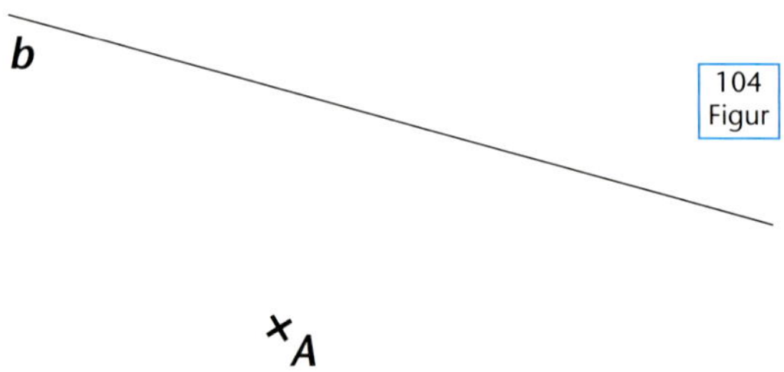


104
Figur

Konstruiere den Mittelpunkt $M$ der Strecke [$AB$]. Zeichne die gesuchte Winkelhalbierende $a$ durch $S$ und $M$ und bezeichne die beiden entstandenen Winkel mit $\frac{\varphi}{2}$.

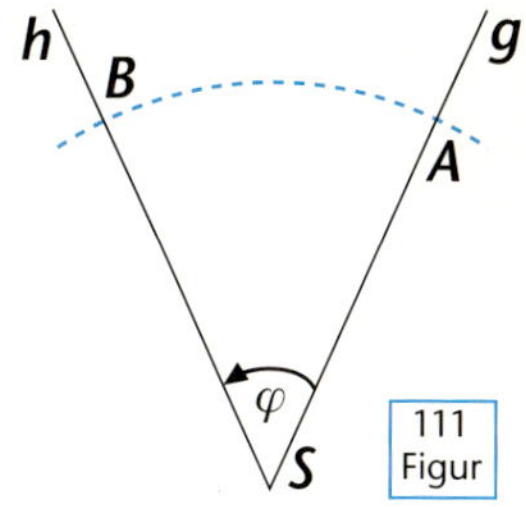


111 Figur

**C 4** Konstruiere die Winkelhalbierende zu ∢ $RQP$ mit $R\,(5\,|\,4)$, $Q\,(-1\,|\,4)$ und $P\,(-2\,|\,1)$.

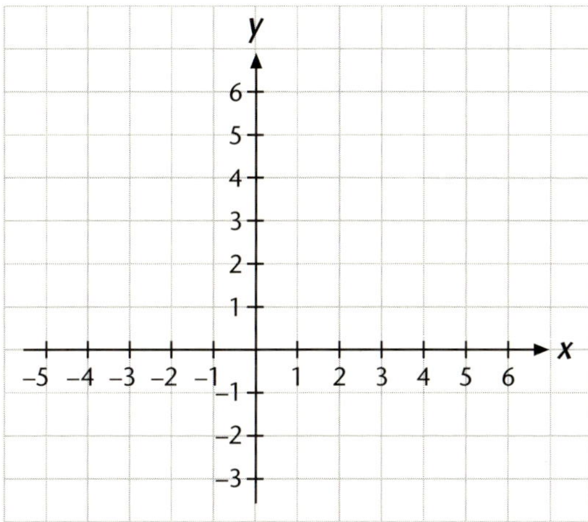


112 Figur

**C 5** Übertrage den Winkel $\varphi$ so, dass $g_1$ der erste Schenkel und $S_1$ der Scheitel ist.

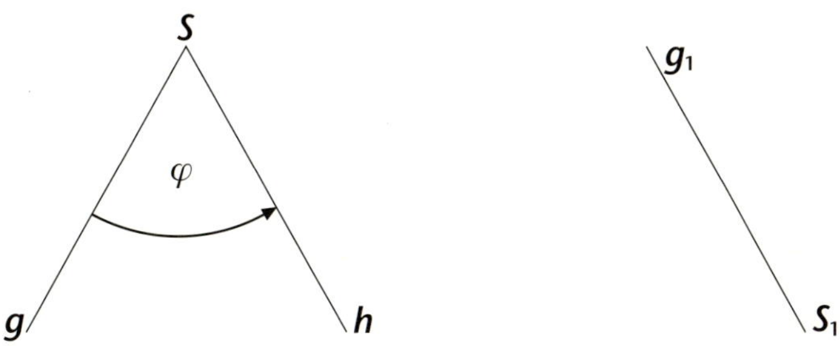


116 Figur

# Zeichnungsvorlagen D 1, D 2, D 4

**D 1** Spiegele das Dreieck $ABC$ am Zentrum $Z$ und zeichne das $\triangle A'B'C'$.
($\triangle ABC \xmapsto{Z} \triangle A'B'C'$)

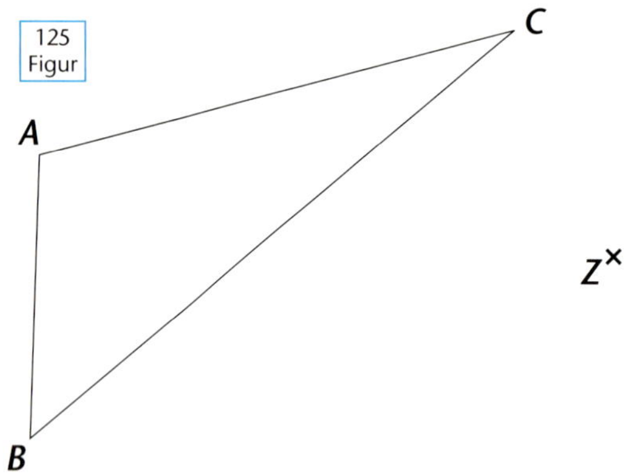


125 Figur

**D 3** Spiegele die Geraden jeweils am Zentrum $Z$.

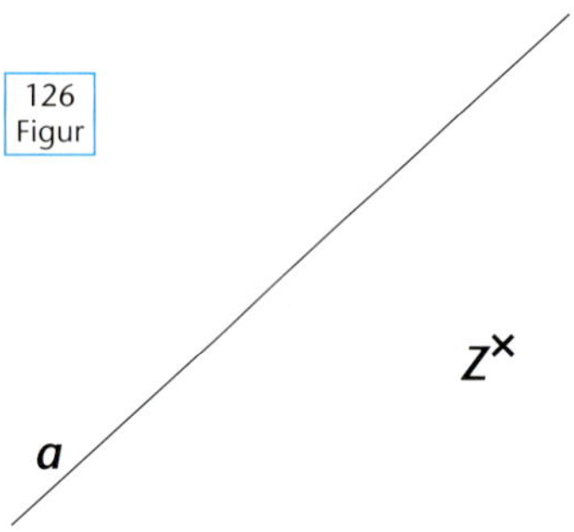


126 Figur

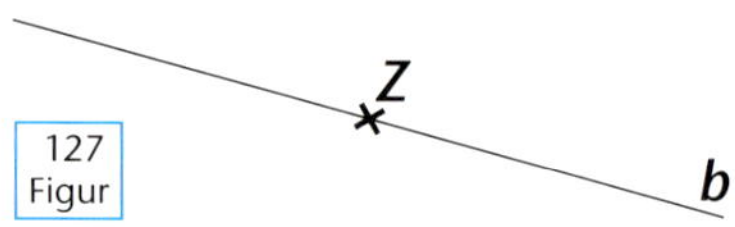


127 Figur

**D 4** In der Figur 132 sind ein $\triangle ABC$ und der Bildpunkt $A'$ von $A$ gegeben.

a) *Konstruiere* das Zentrum $Z$ der zugehörigen Punktspiegelung.

b) *Zeichne* $\triangle A'B'C'$ mit $\triangle ABC \xmapsto{Z} \triangle A'B'C'$.

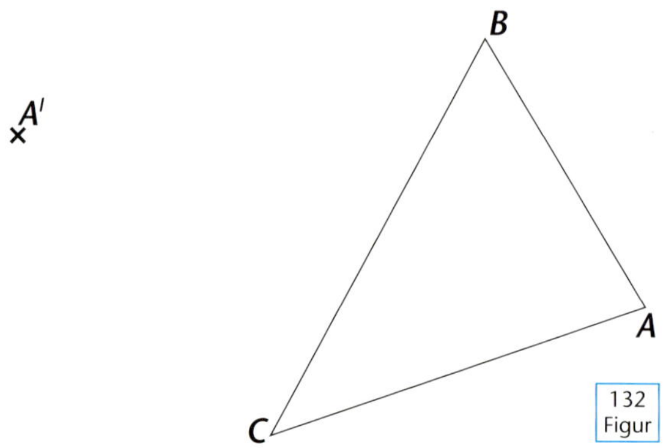


132 Figur

hier Pappe unterlegen, mit Messer anritzen und heraustrennen (aus technischen Gründen nicht perforiert)

**D 5** *Zeichne* das Viereck $A'B'C'D'$ mit Viereck $ABCD \xmapsto{Z}$ Viereck $A'B'C'D'$.

133 Figur

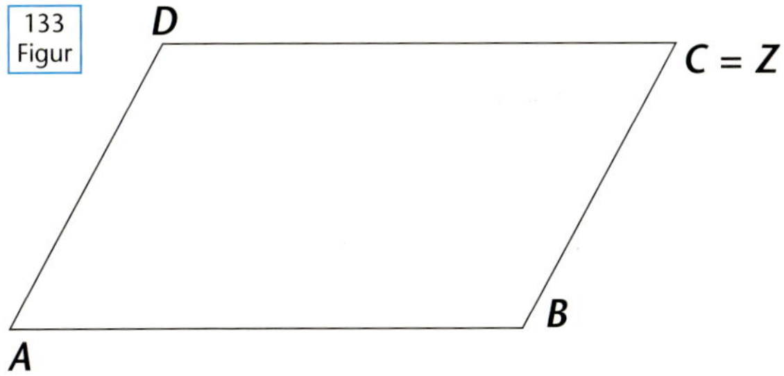


**D 6** *Konstruiere* $k'$ $(M')$ mit $k\ (M; r) \xmapsto{Z} k'\ (M'; r)$.

134 Figur

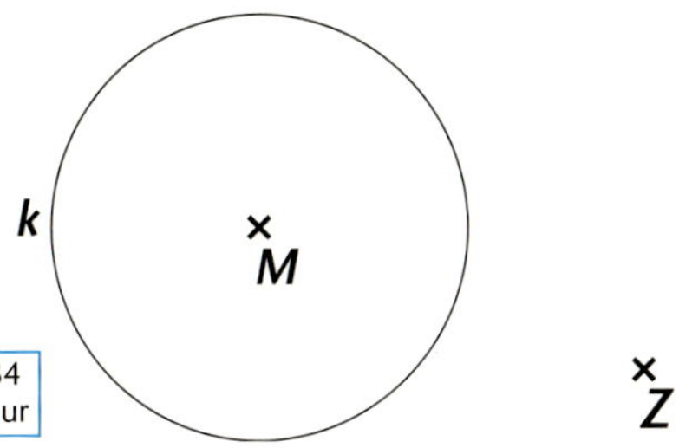


**D 7** Spiegele den Kreis $k$ an $Z$ und zeichne $k'$ mit Farbe ein. Kurz: $k \xmapsto{Z} k'$

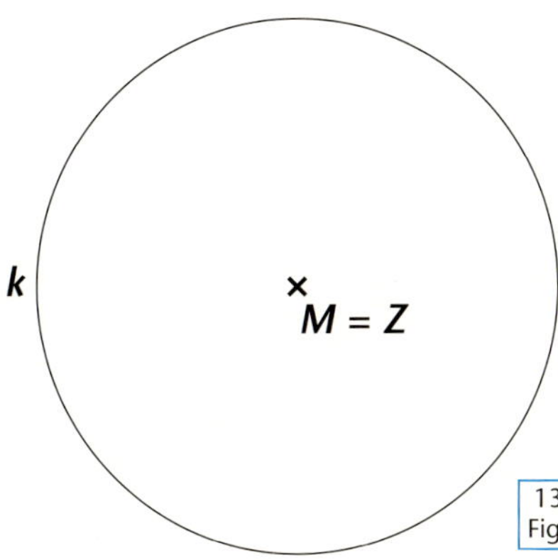


135 Figur

**E 2** Drehe den Punkt $A$ um den Drehpunkt $D$ mit dem Drehwinkel $\psi = 50°$.

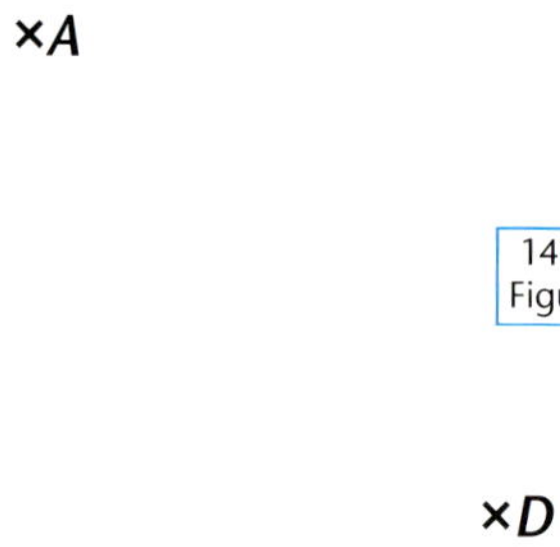


141 Figur

**E 3** Drehe die Gerade $AB$ um den Drehpunkt $D$ mit dem Drehwinkel $\psi = 90°$.

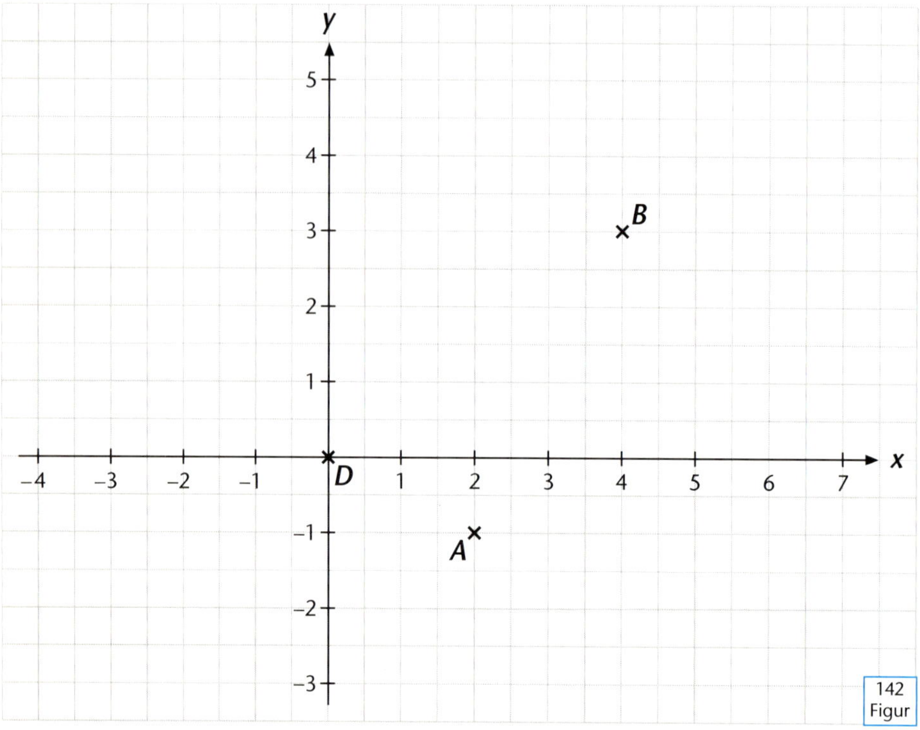


**E 5** Drehe den Punkt $P$ um $D$ mit $\psi = 180°$.

150 Figur

hier Pappe unterlegen, mit Messer anritzen und heraustrennen (aus technischen Gründen nicht perforiert)

**E 4** Gegeben sind die Punkte $P\,(-2\,|\,7)$, $Q\,(3\,|\,-3)$ und $D\,(0\,|\,3)$.

Drehe die Gerade $g$, die durch die Punkte $P$ und $Q$ verläuft, um den Drehpunkt $D$ mit dem Drehwinkel $\psi = 45°$.

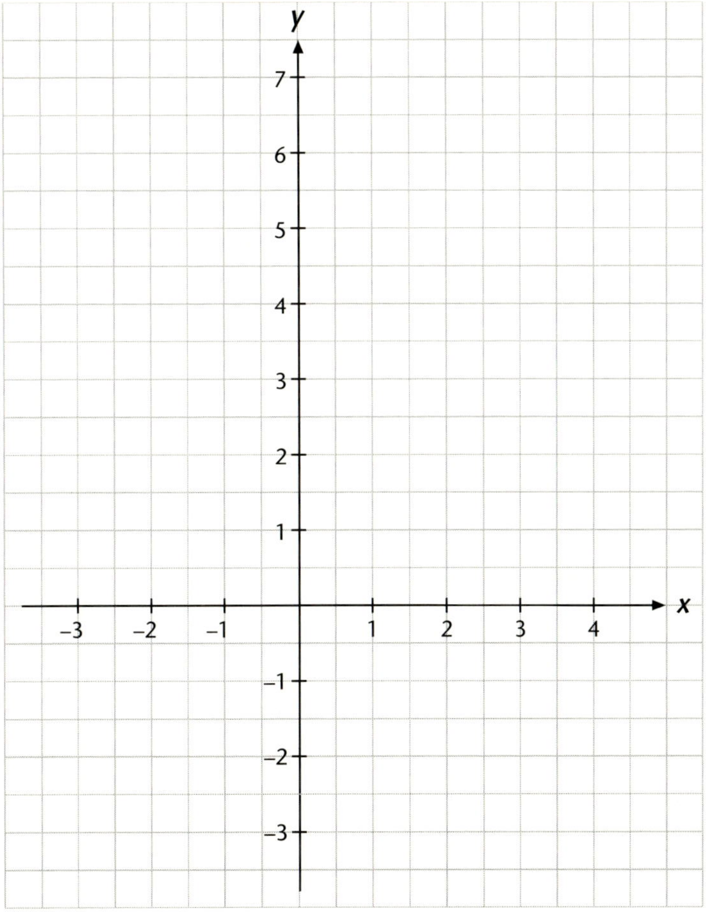


143 Figur

**E 5** Diese Aufgabe findest du schon auf der vorhergehenden Seite.

**E 6** Drehe den Punkt $Q$ um $D$ mit $\psi = -120°$.

151 Figur

# Zeichnungsvorlagen E 7, E 8, E 9, F 6

**E 7** Wie groß ist der Drehwinkel?

a)

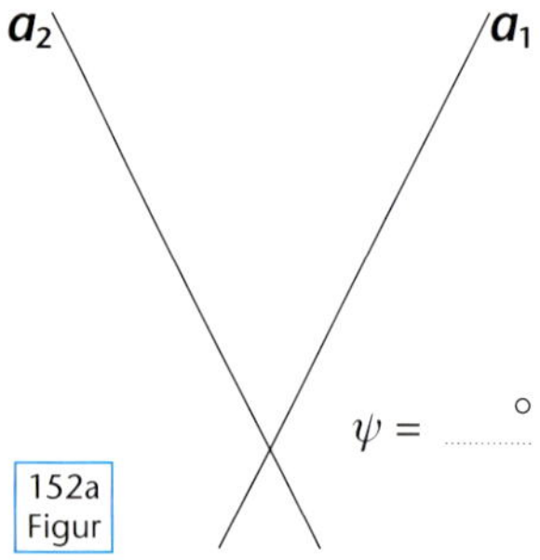


152a Figur

b)

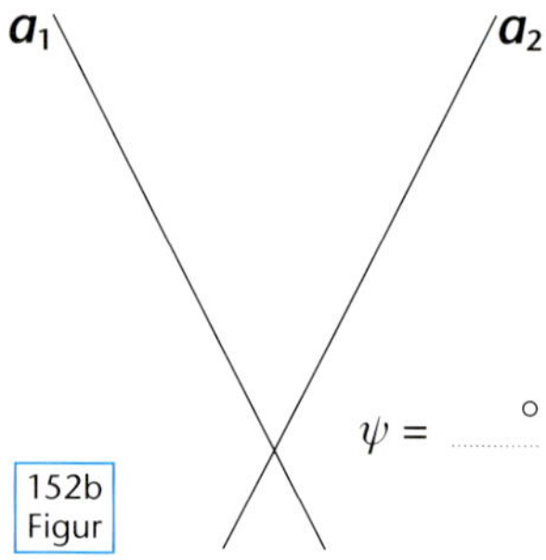


152b Figur

**E 8** Drehe in Figur 153 $k$ um $D$ mit $\psi = 60°$ und zeichne $k'$.

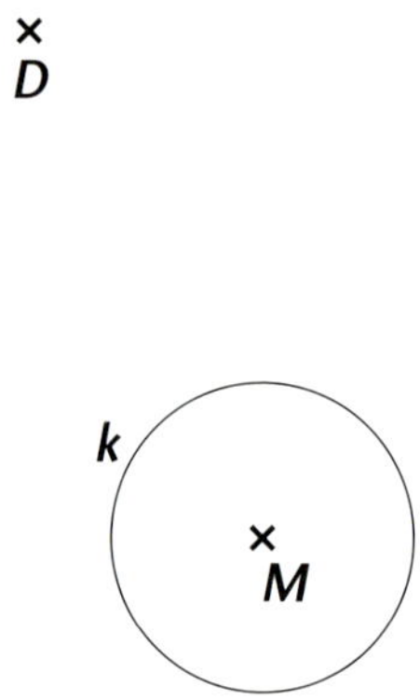


153 Figur

**E 9** Drehe in Figur 154 $k$ um $D$ mit $\psi = 80°$ und zeichne $k'$ mit Farbe.

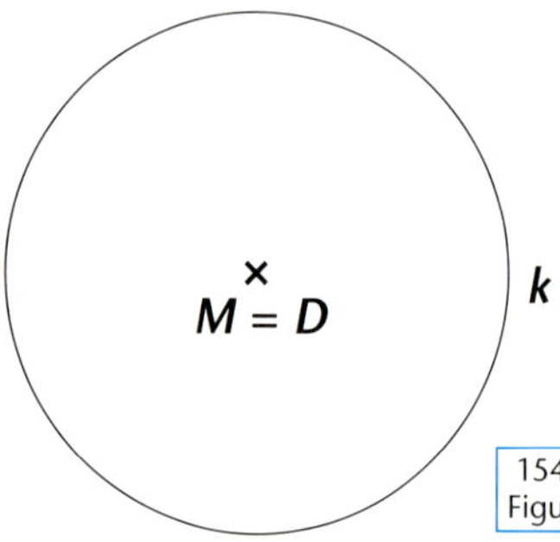


154 Figur

**F 6** a) Zeichne die Achse $a_2$.

b) Zeichne $A_1$ ein, mit $A \xmapsto{a_1} A_1$.

c) Zeichne $A'$ ein, mit $A_1 \xmapsto{a_2} A'$.

d) Verbinde $A$ mit $A'$ und vergleiche mit $\vec{v}$.

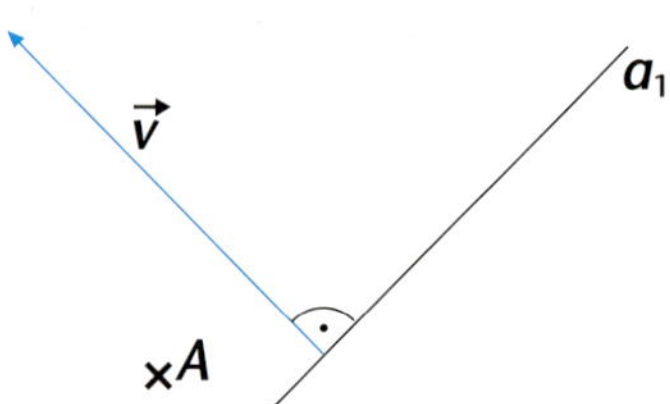


172 Figur

*hier Pappe unterlegen, mit Messer anritzen und heraustrennen (aus technischen Gründen nicht perforiert)*

**F 7** Durch Verschiebung ist der Punkt $P'$ als Bildpunkt von $P$ entstanden. Verschiebe den Punkt $Q$ um denselben Vektor.

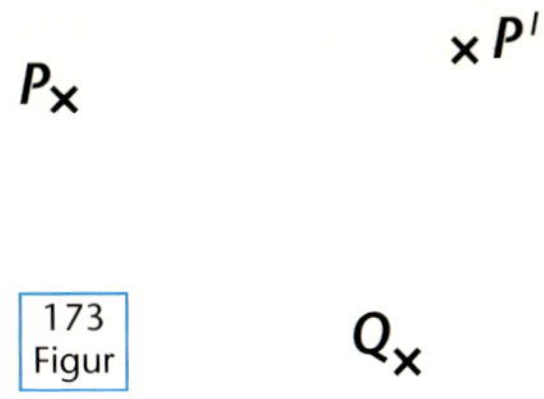


173 Figur

**F 8** a) bis d)

Gegeben sind die Punkte $A\ (4|1)$, $B\ (1|5)$, $C\ (1|1)$ und $A'\ (8|3)$.

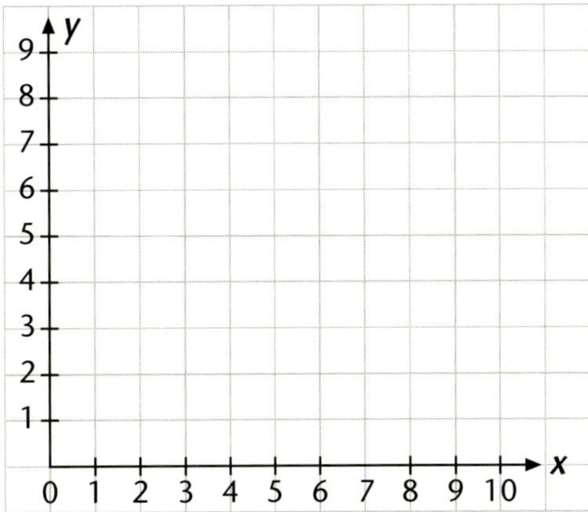


174 Figur

**F 10** Zeichne die folgenden Vektoren ein und beschrifte sie:

a) $\overrightarrow{AB}$

b) $-\overrightarrow{BC}$

c) $\overrightarrow{CA}$

d) $\overrightarrow{AA}$

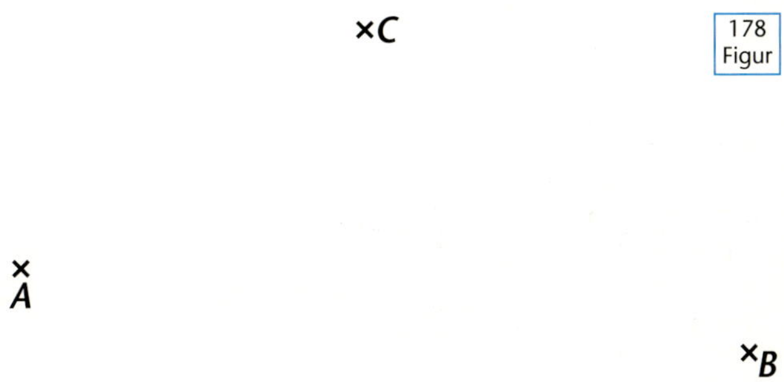


178 Figur

# Zeichnungsvorlagen F 12, G 10

**F 12** Verschiebe $g$, $h$ und $i$ um den Vektor $\vec{v}$ und zeichne die Bildgeraden $g'$, $h'$ und $i'$.

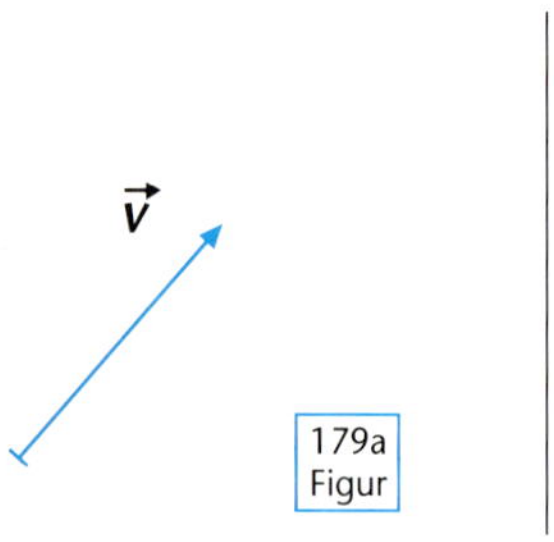


179a
Figur

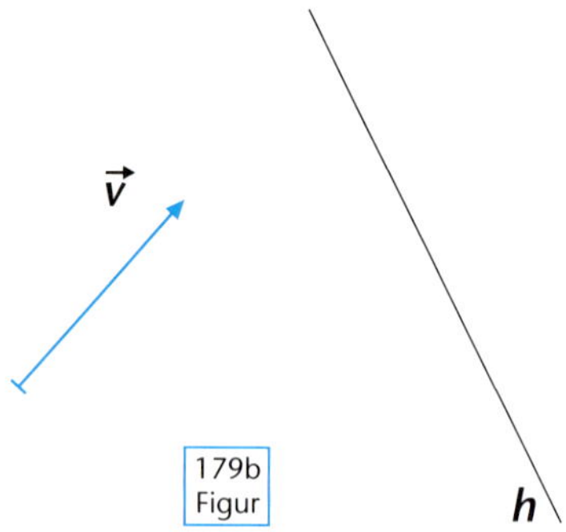


179b
Figur

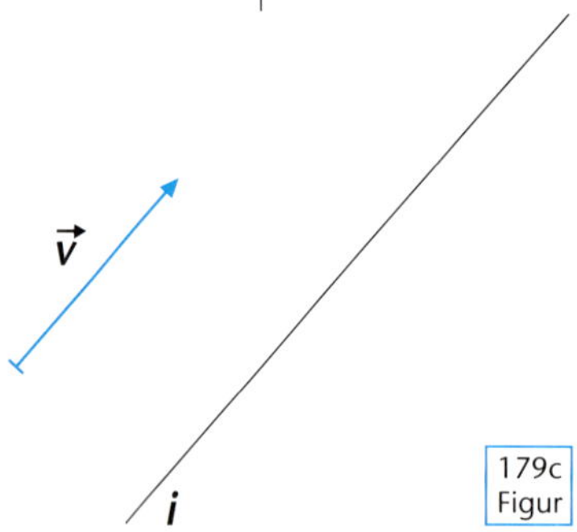


179c
Figur

**G 10**

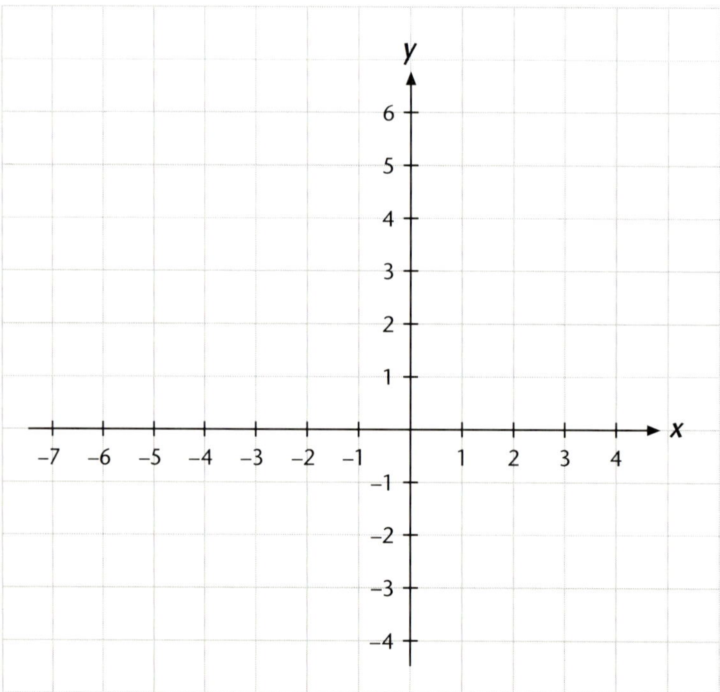


188
Figur

Schneide die 5 Dreiecke aus:

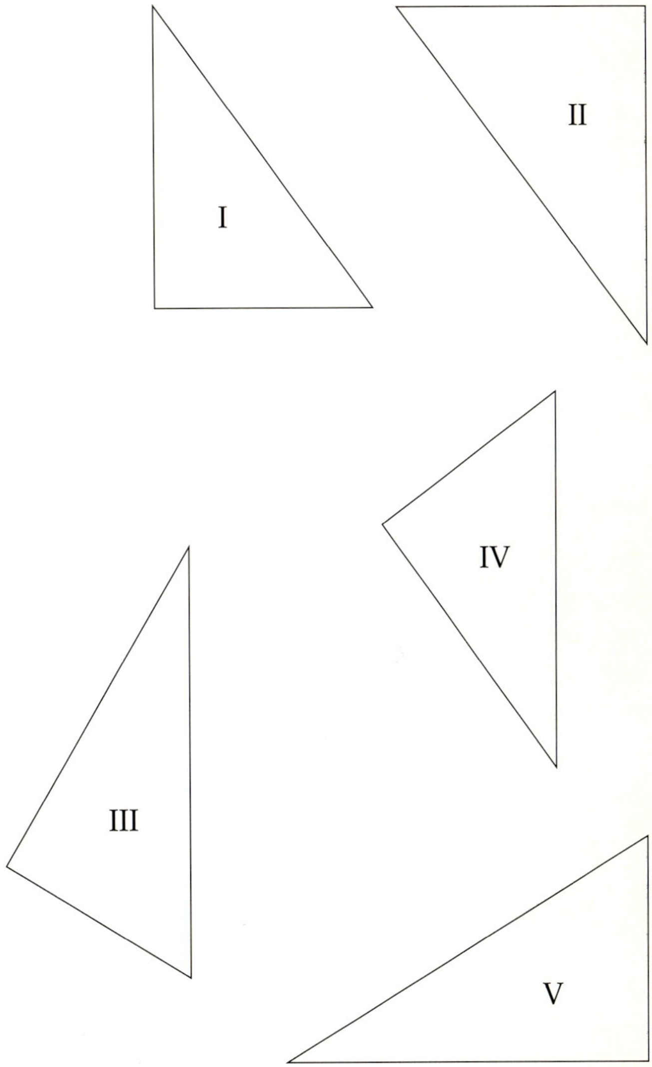


*hier Pappe unterlegen, mit Messer anritzen und heraustrennen (aus technischen Gründen nicht perforiert)*

# Zeichnungsvorlagen

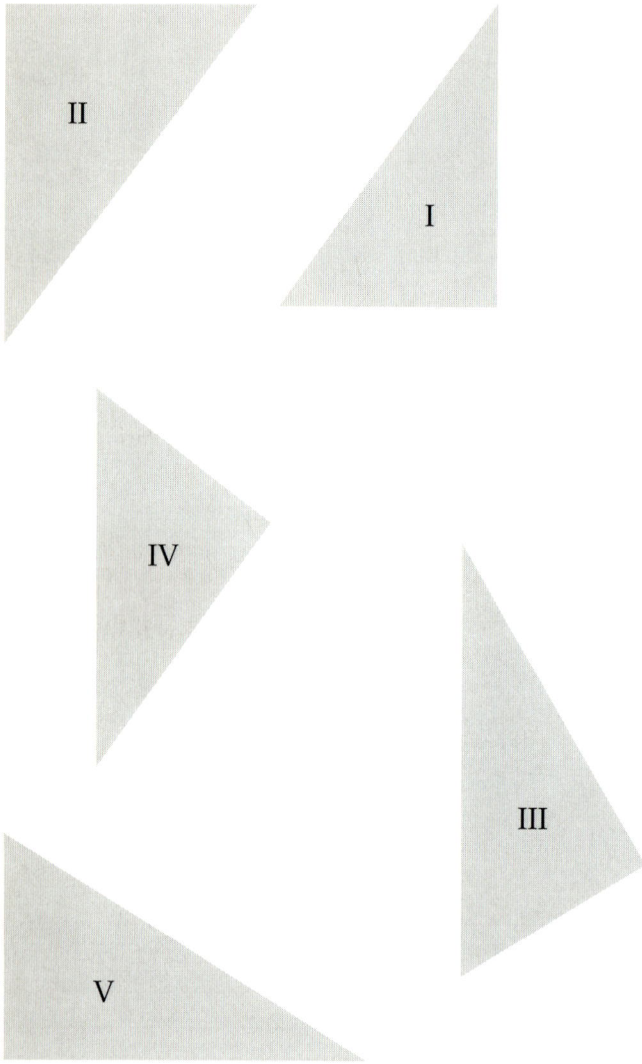

MENTOR LERN-HILFE

Band 625

# Mathematik

## 7./8. Klasse

### Geometrie 1

Spiegelung, Drehung, Verschiebung, Vektoren

## Lösungsteil

*(an der Perforation abtrennen)*

Rolf Baumann

Mentor Verlag München

*Nach dem Heraustrennen bitte hier klammern*

Miss ab und ergänze: $\overline{PQ} = 5$ cm — A 1 S. 8

Halbgerade $AB]$: — A 2 S. 8

7 Figur

Alle Punkte auf der Kreislinie haben eine gemeinsame Eigenschaft: Sie liegen alle gleich weit entfernt vom Mittelpunkt. — S. 9

Für alle Punkte $P$ innerhalb des Kreises gilt: $\overline{PM} < r$

A

$k\ (M;\ r = 3\ \text{cm})$ — A 3 S. 10

Zum Beispiel: — A 4 S. 10

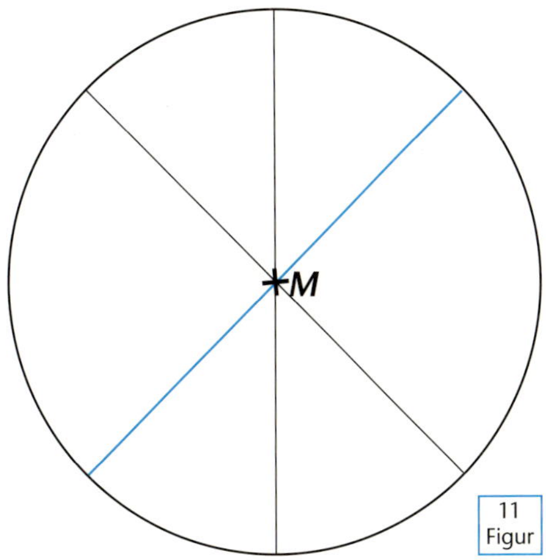


Alle Durchmesser eines Kreises sind gleich lang.

Der Durchmesser eines Kreises ist genau doppelt so lang wie der Radius dieses Kreises. ($d = 2r$)

11 Figur

Konstruiere den Punkt $C$ auf $[AB$ so, dass gilt: $\overline{AC} = \overline{DE}$ — A 5 S. 11

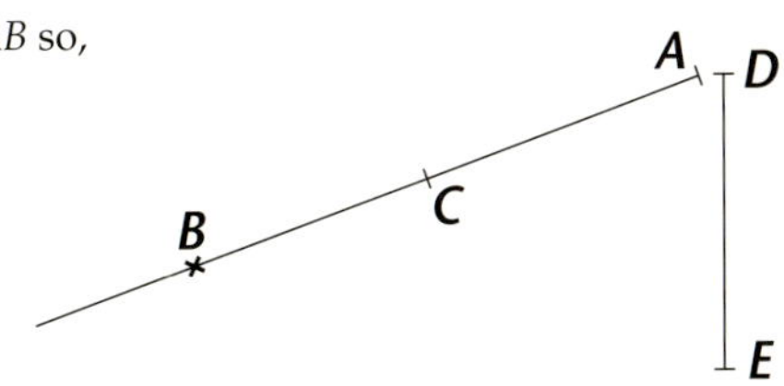


16 Figur

A6 A7 A8 S. 12

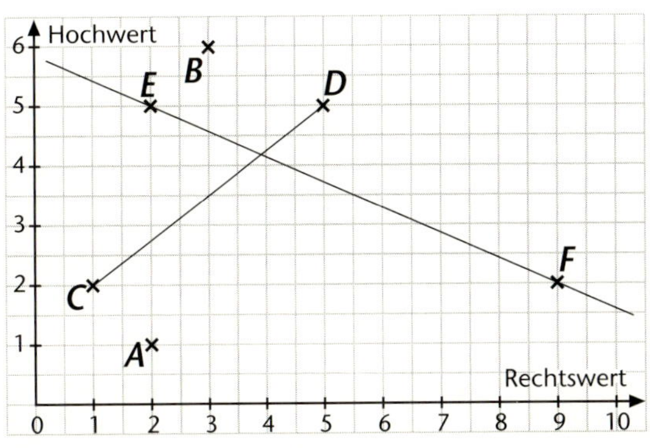


18 Figur

**S. 12** $R\,(5\,|\,-6)$ Rechtswert Tiefwert $P\,(-2\,|\,3)$ Linkswert Hochwert

**A9 S. 12**
a) Rechtswert ist positiv
b) Hochwert ist positiv
c) Linkswert ist negativ
d) Tiefwert ist negativ

**A10 S. 13** $A\,(3|2)$ $B\,(-2|1)$ $C\,(-1|-6)$ $D\,(4|-5)$

**A11 S. 13**

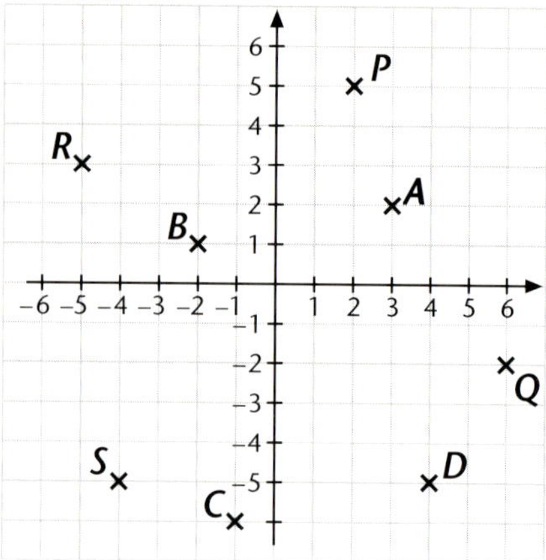


20 Figur

**S. 19** $\sphericalangle(g;h) = 30°$

**A12 S. 19/20**
a) $\sphericalangle(a;b) = 45°$
b) $\sphericalangle(c;d) = 56°$
c) $\sphericalangle(e;f) = 120°$

**S. 20** Möglichkeit 1 $\sphericalangle(a;b) = 180° + 115° = 295°$

**S. 21** Möglichkeit 2 $\sphericalangle(a;b) = 360° - 65° = 295°$

**A13 S. 21/22**

a)

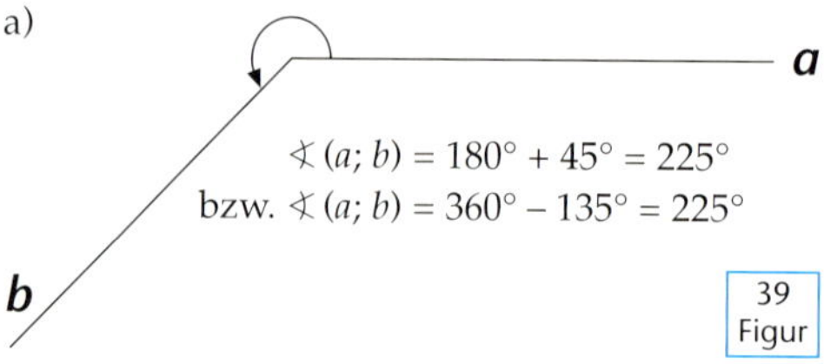


$\sphericalangle(a;b) = 180° + 45° = 225°$
bzw. $\sphericalangle(a;b) = 360° - 135° = 225°$

39 Figur

c)

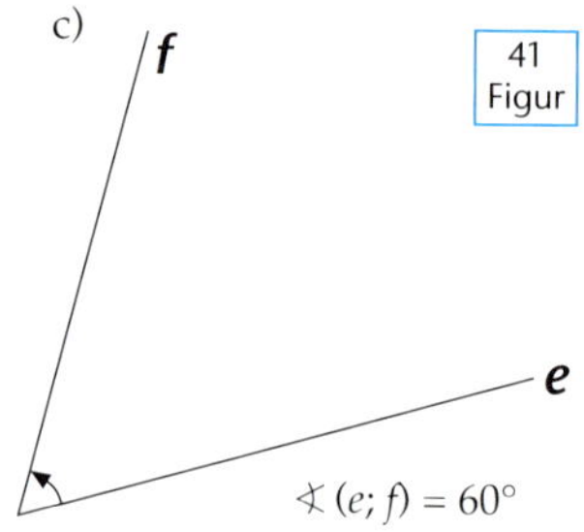


$\sphericalangle(e;f) = 60°$

41 Figur

b) $\sphericalangle(c;d) = 200°$

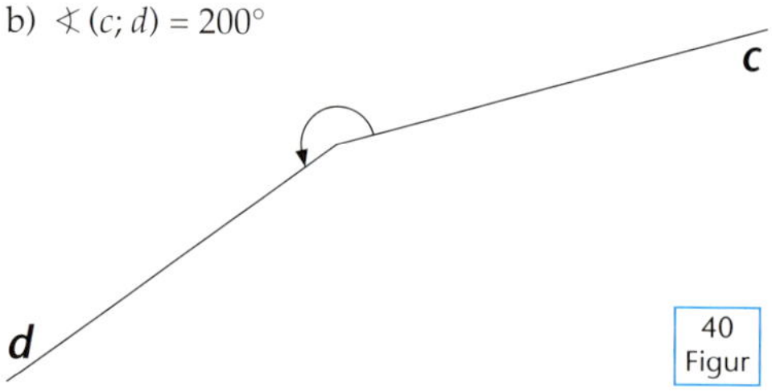


40 Figur

d)

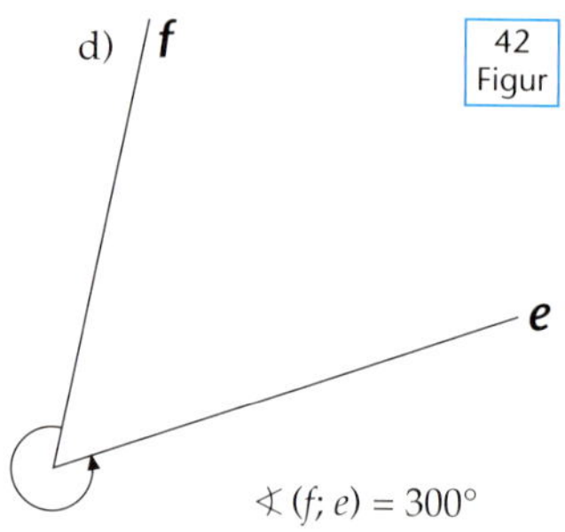


$\sphericalangle(f;e) = 300°$

42 Figur

**A14 S. 22** $\sphericalangle(c;b) = \alpha$ $\sphericalangle(a;c) = \beta$ $\sphericalangle(b;a) = \gamma$

**A15 S. 24**

a) $\sphericalangle QPR$

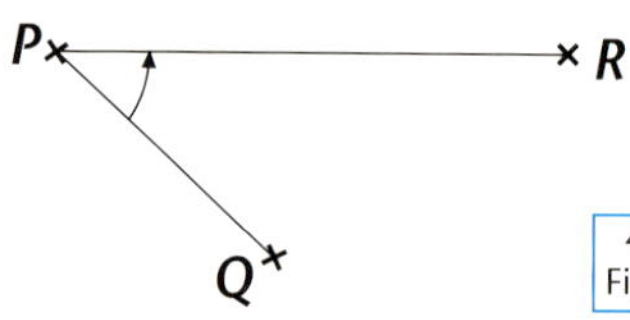


47 Figur

b) $\sphericalangle PQR$

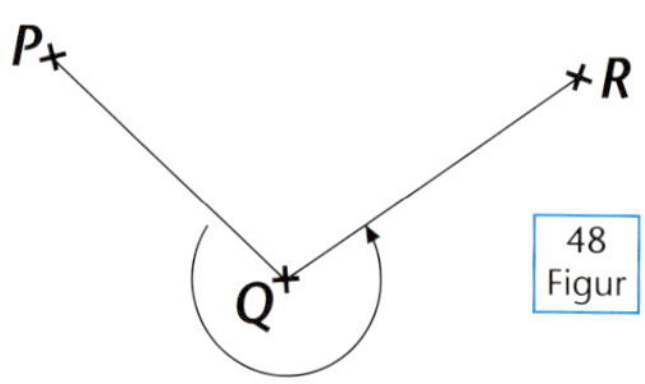


48 Figur

A 16
S. 25

a) ∢ $PRQ$ b) ∢ $RPQ$

S. 29

Bei der *Kopie* wurden beim Abbilden weder die Längen noch die Winkelmaße verändert.

Bei der *Fotografie* wurden beim Abbilden zwar die Längen verändert, aber die Maße einander entsprechender Winkel blieben gleich.

Bei der *Verzerrung* wurden beim Abbilden sowohl die einander entsprechenden Längen als auch die Winkelmaße verändert.

A 17
S. 30

a) $\triangle I \ncong \triangle II$ b) $\triangle I \ncong \triangle III$ c) $\triangle I \cong \triangle IV$ d) $\triangle I \ncong \triangle V$
e) $\triangle II \ncong \triangle III$ f) $\triangle II \ncong \triangle IV$ g) $\triangle II \ncong \triangle V$ h) $\triangle III \ncong \triangle IV$
i) $\triangle III \cong \triangle V$ j) $\triangle IV \ncong \triangle V$

S. 30

- Winkel auf kongruente Winkel;
- Kreise auf kongruente Kreise.

A + B

## Lösungen Teil B

S. 31

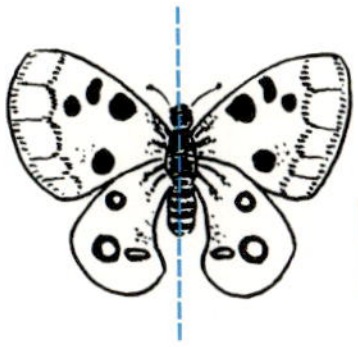

63 Figur

64 Figur

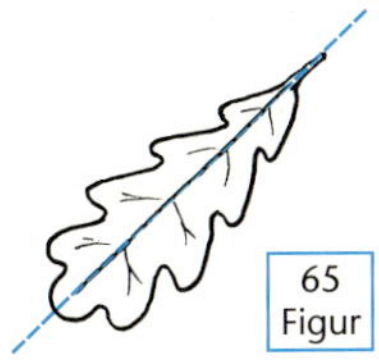

65 Figur

66 Figur

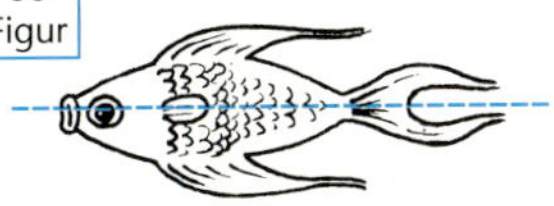

67 Figur

B 1
S. 31

a)

68 Figur

b)

69 Figur

S. 32

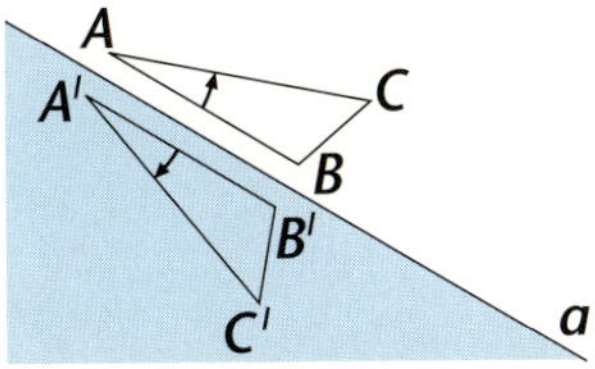


71 Figur

**S. 33** Bei der Achsenspiegelung wird jede Urbildstrecke in eine zu ihr kongruente Bildstrecke abgebildet.

Die Winkel $\alpha$, $\beta$, $\gamma$ im $\triangle ABC$ sind jeweils kongruent zu den Winkeln $\alpha'$, $\beta'$, $\gamma'$ im $\triangle A'B'C'$.

Dabei wird klar, dass sich der Drehsinn der Winkel geändert hat.

Verbinde … also $A$ mit $A'$ und $B$ mit $B'$ und $C$ mit $C'$.

- Die Verbindungsstrecken von Punkt und Bildpunkt stehen senkrecht auf der Achse.
- Die Verbindungsstrecken von Punkt und Bildpunkt werden von der Achse halbiert.
- Alle Verbindungsstrecken von Punkt und Bildpunkt verlaufen parallel zueinander.

B

**S. 34**
- Der Knick, an dem entlang du die eingeklappte Seite festgeklebt hast, entspricht der Spiegelachse.
- Aus dem Viereck $ABCD$ und seiner Bildfigur $A'B'C'D'$ sollst du mehrere Dinge ablesen:
  - Da die Strecke $AB$ parallel zur Spiegelachse verläuft, verläuft auch ihre Bildstrecke parallel zur Spiegelachse.
  - Der Drehsinn des Vierecks ändert sich bei der Achsenspiegelung.
  - Die gebogenen Linien zwischen $C$ und $D$ bzw. $C'$ und $D'$ sind kongruent zueinander.

**S. 35**
- Ein vollständiger Kreis wird durch die Achsenspiegelung wieder auf einen vollständigen Kreis abgebildet!
- Ein Halbkreis, dessen Mittelpunkt auf der Spiegelachse liegt, wird durch sein Spiegelbild zu einem Kreis ergänzt.
- Da die Gerade $h$ senkrecht auf der Spiegelachse steht, fällt $h$ mit ihrem Spiegelbild $h'$ zusammen.
- Da die Gerade $g$ nicht senkrecht auf der Spiegelachse steht, steht auch ihr Spiegelbild $g'$ nicht senkrecht auf der Spiegelachse.
- Die Gerade $g$ (die links und rechts der Spiegelachse verläuft) ergibt als Spiegelbild wieder eine Gerade.
- Die Winkel zwischen $g$ und der Spiegelachse $a$ bzw. zwischen $g'$ und $a$ sind gleich groß.

**S. 36** Alle Punkte, die von $X$ genauso weit entfernt sind wie $P$, liegen auf dem Kreis um $X$ mit dem Radius $\overline{XP}$.

Alle Punkte, die von $Y$ genauso weit entfernt sind wie $P$, liegen auf dem Kreis um $Y$ mit dem Radius $\overline{YP}$. (kurz: $k\ (Y; \overline{YP})$)

**S. 37** Konstruiere $P'$ mit
$P \xmapsto{a} P'$

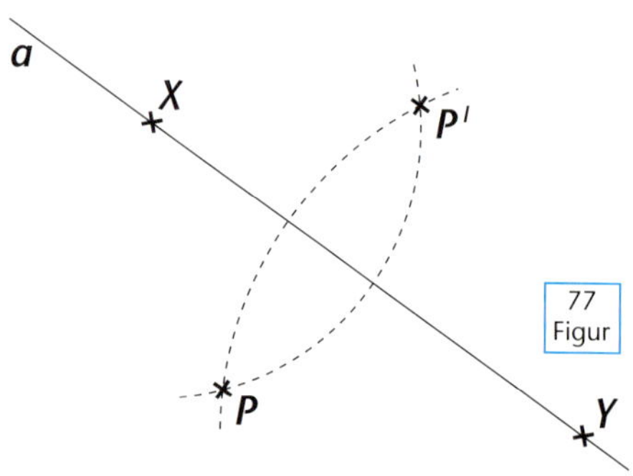


77
Figur

B 2
S. 37

78
Figur

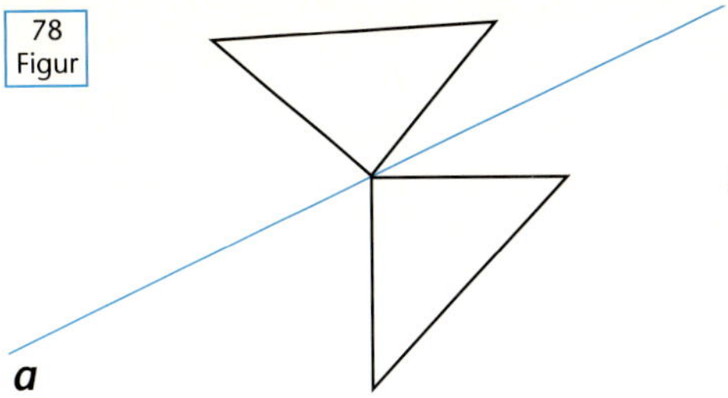


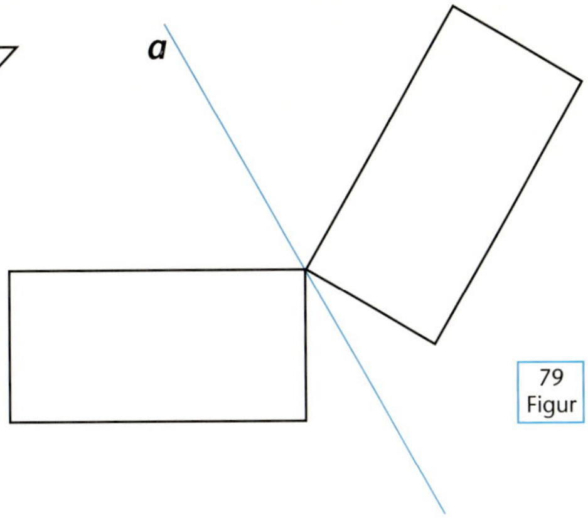


79
Figur

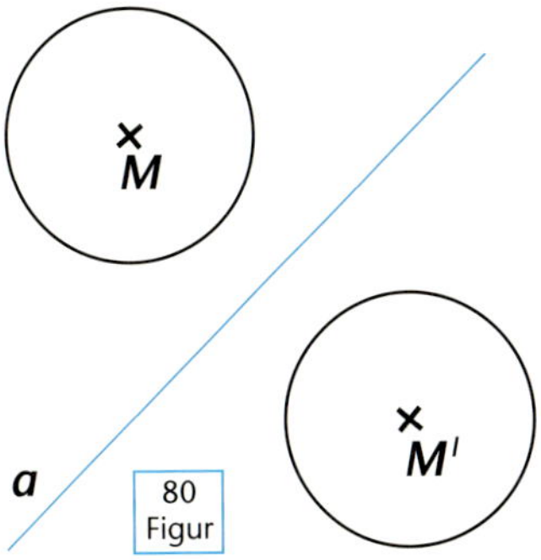


80
Figur

Hast du es bemerkt? Es reicht aus, den Mittelpunkt zu spiegeln und den neuen Kreis mit dem ursprünglichen Radius zu zeichnen.

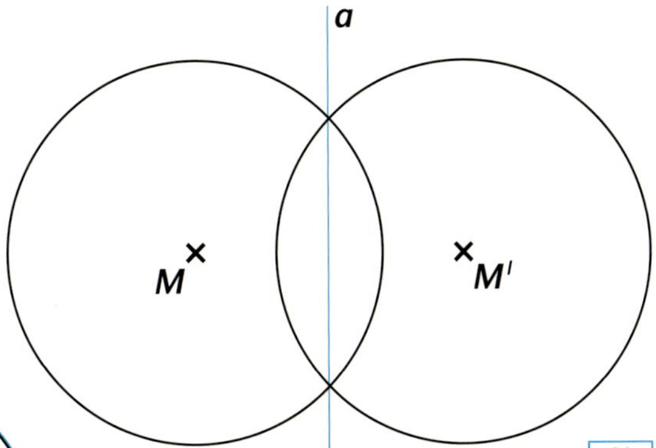


81
Figur

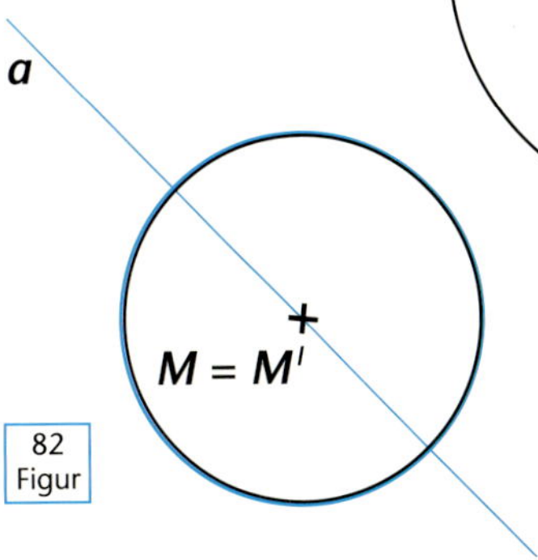


82
Figur

B 3
S. 37

a), b)

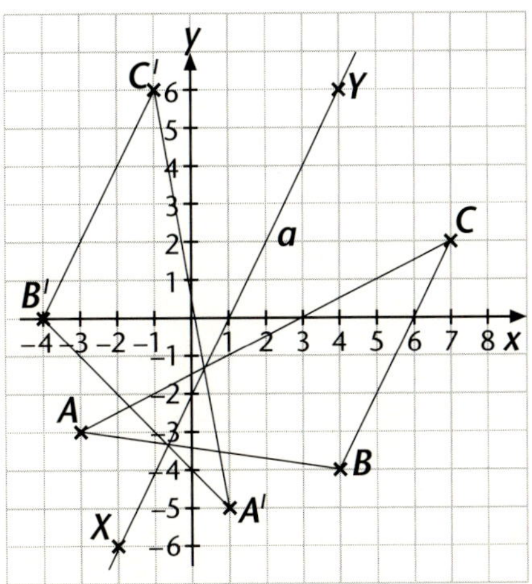


d) $A'\ (1\,|\,-5)$,
$B'\ (-4\,|\,0)$,
$C'\ (-1\,|\,6)$

B

B 4
S. 38

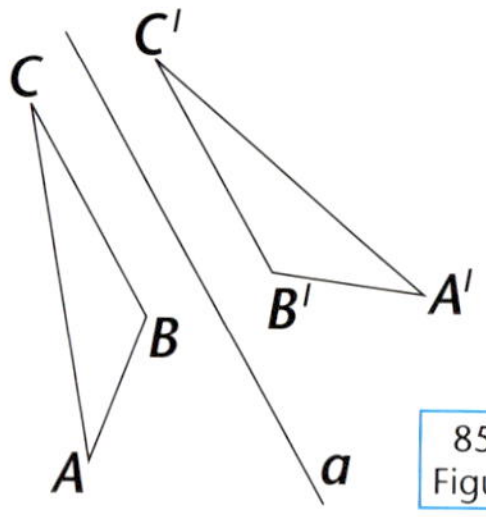


85 Figur

S. 38

➡ Wenn du den Bildpunkt $P'$ an der Achse $a$ spiegelst, erhältst du als Bildpunkt von $P'$ den Punkt $P$!

**B**

Wenn $P$ auf der Achse $a$ liegt, gilt: $P = P'$!

S. 39

Fall 1 $g \parallel a$

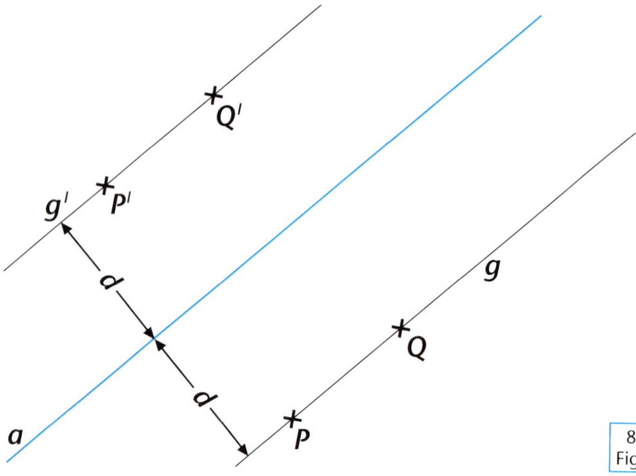


88 Figur

Folgerung:

➡ Wenn die Gerade $g$ und die Achse $a$ den Abstand $d = 2$ cm haben, so haben die Bildgerade $g'$ und die Achse $a$ den Abstand $d' = 2$ cm. Also haben die Gerade $g$ und die Bildgerade $g'$ den Abstand $2d = 4$ cm.

S. 40

Fall 2 $g \nparallel a$

Da bei der Achsenspiegelung alle Punkte der Achse Fixpunkte sind, ist auch der Punkt $S$ ein Fixpunkt.

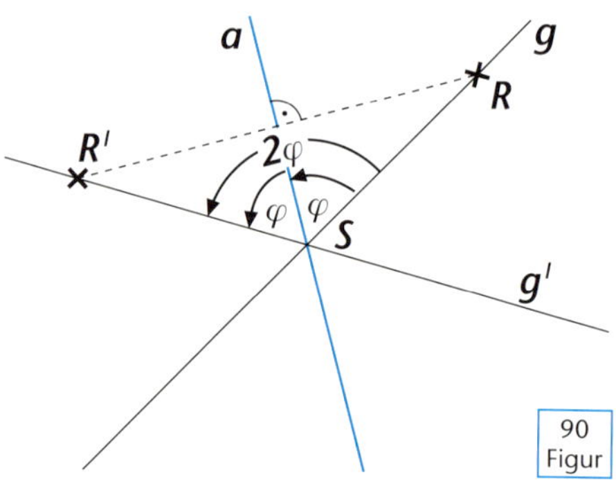


90 Figur

Konstruiere den Bildpunkt $R'$ und zeichne die Bildgerade $g'$ durch $R'$ und $S$.

Folgerung:

➡ Der Winkel zwischen der Geraden $g$ und ihrer Bildgeraden $g'$ wird von der Achse $a$ halbiert.

Fall 3 $g \perp a$

S. 41

Auf jeden Fall verläuft die Gerade $g'$ durch den Punkt $S$.

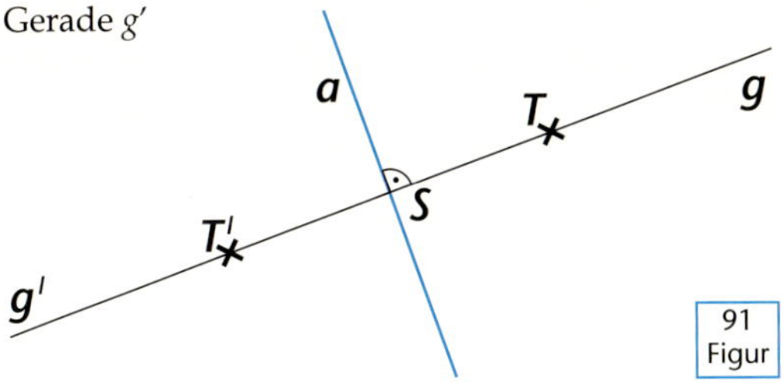


91
Figur

… kannst du sicher feststellen, dass der Punkt $T'$ wieder auf der Geraden $g$ liegt, und zwar liegt $T'$ gleich weit entfernt von $S$ wie $T$.

Für die beiden Geraden $g$ und $g'$ gilt in diesem Fall also $g = g'$!

Folgerungen:

➡ Jeder Punkt auf $g$ wechselt bei der Spiegelung an $a$ zwar seine Lage, sein Bildpunkt liegt jedoch wieder auf $g$. Damit ist nur der Punkt $S$ ein Fixpunkt.

➡ Alle Geraden, die auf der Achse senkrecht stehen, werden bei der Achsenspiegelung auf sich selbst abgebildet.

Aber nur die Gerade $a$ ist eine Fixpunktgerade!

B5
S. 41

a), b), c)

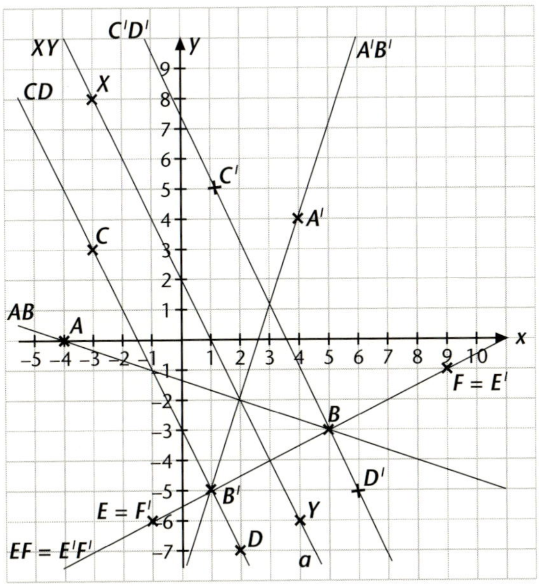


92
Figur

B6
S. 42

In der Aufgabe B 5 gilt: Die beiden Geraden $XY$ und $EF$ sind jeweils Fixgeraden. Aber nur die Gerade $XY$ ist eine Fixpunktgerade.

B

**B 7**
**S. 42**

a) Quadrat

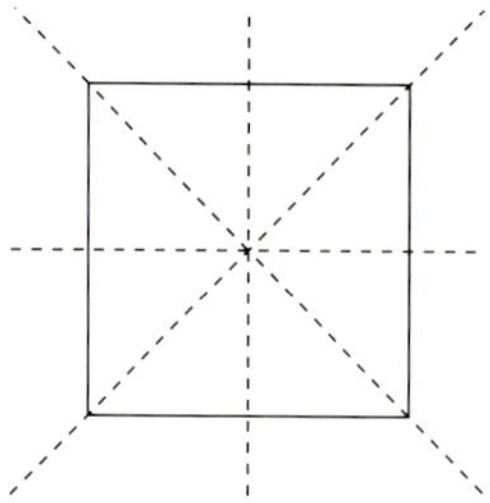

93a Figur

Es gibt 4 Symmetrieachsen.

b) Rechteck

93b Figur

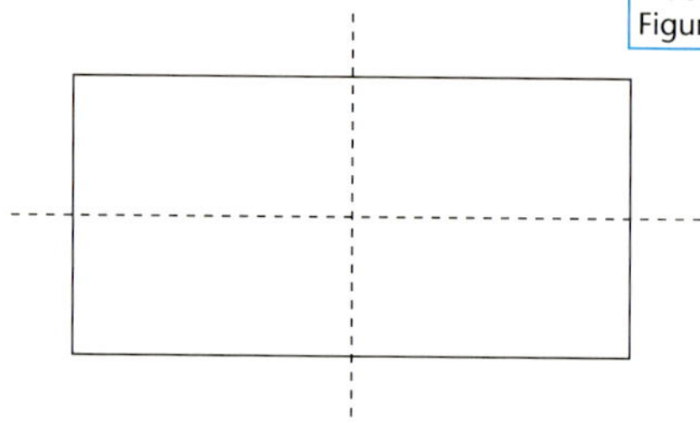

Es gibt 2 Symmetrieachsen.

c) Raute

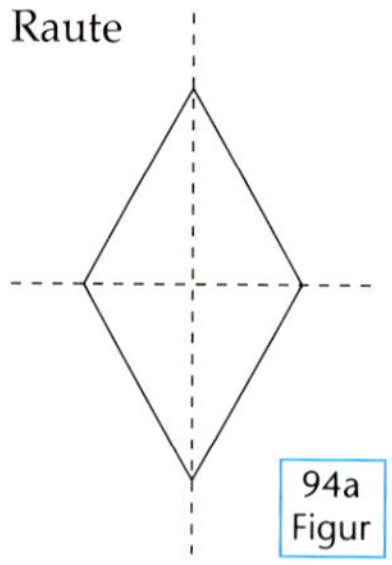

94a Figur

Es gibt 2 Symmetrieachsen.

d) Parallelogramm

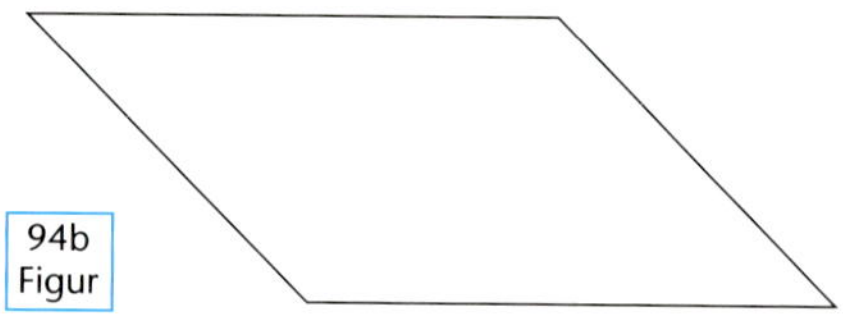

94b Figur

Es gibt 0 Symmetrieachsen.

**S. 43**

e) gleichschenkliges Trapez

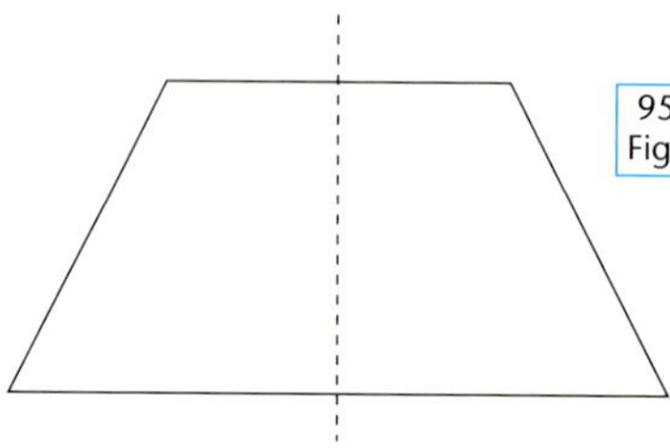

95a Figur

Es gibt 1 Symmetrieachse.

f) Drachen

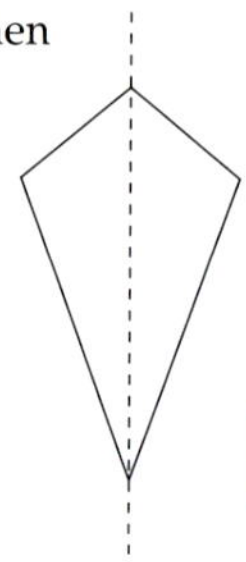

95b Figur

Es gibt 1 Symmetrieachse.

g) Kreis

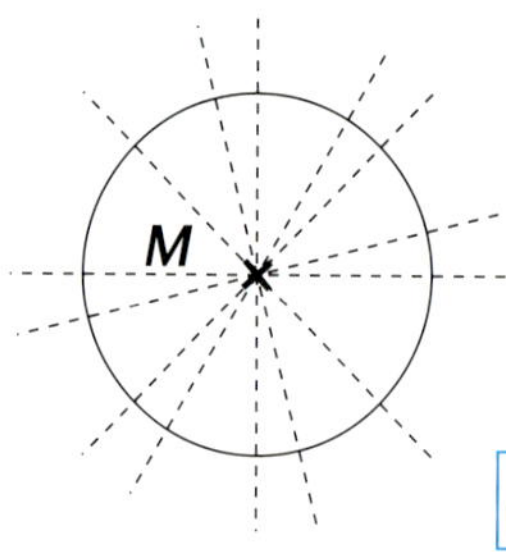


96 Figur

Es gibt unendlich viele Symmetrieachsen; *jede* Gerade durch den Kreismittelpunkt ist eine Symmetrieachse.

h) gleichseitiges Dreieck

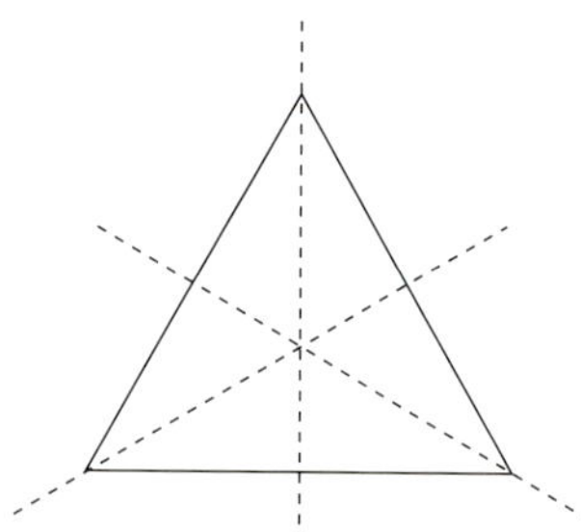

97a Figur

Es gibt 3 Symmetrieachsen.

i) gleichschenkliges Dreieck

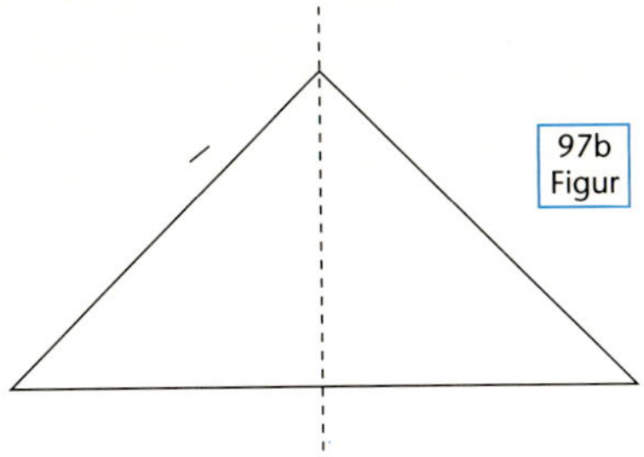

97b Figur

Es gibt 1 Symmetrieachse.

j) rechtwinkliges Dreieck

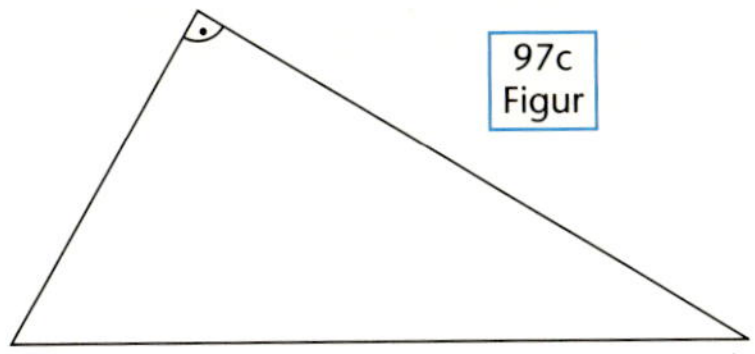

97c Figur

Es gibt 0 Symmetrieachsen.

S. 43

B + C

# Lösungen Teil C

S. 45

Damit sich die beiden Kreise um $P$ und $Q$ auch schneiden, muss ihr Radius größer sein als die Hälfte der Strecke $[PQ]$.

C 1

S. 45

Konstruiere $a$ mit $A \overset{a}{\longmapsto} B$

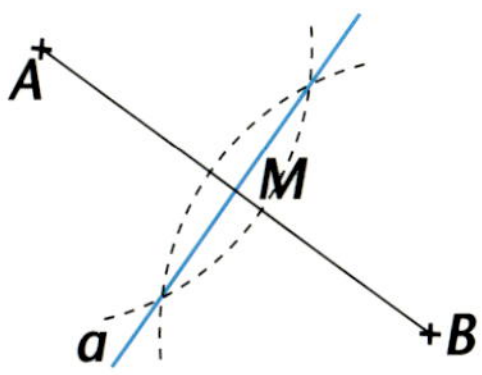


99 Figur

- Die Gerade $a$ trifft auf die Strecke $[AB]$ genau in der Mitte und
- die Gerade $a$ und die Strecke $[AB]$ stehen senkrecht aufeinander.

S. 46

Errichte die Mittelsenkrechte $h$ zu $[AB]$:

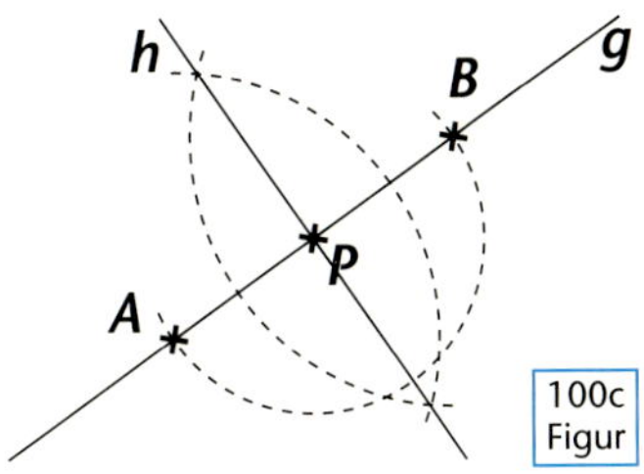


100c Figur

S. 47

Konstruiere das Lot vom Punkt $P$ auf die Gerade $g$:

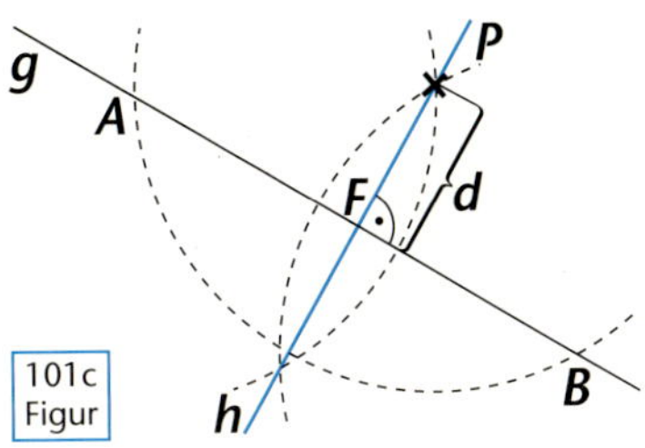


101c Figur

C 2
S. 47

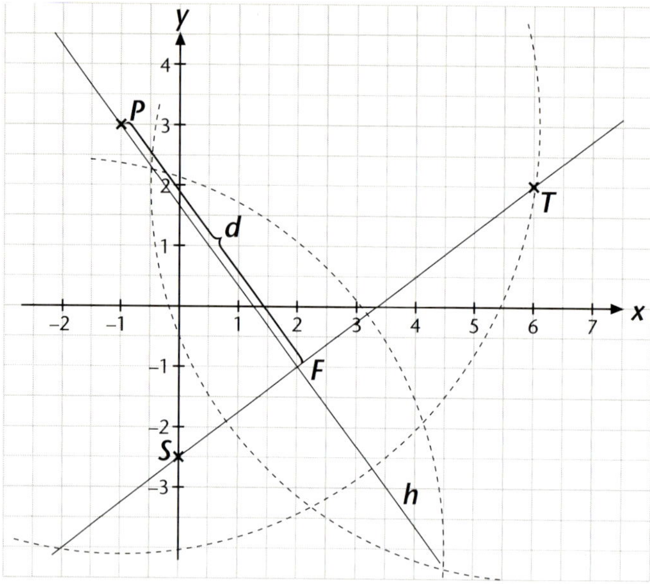


102 Figur

$d = 5$ cm

C 3
S. 48

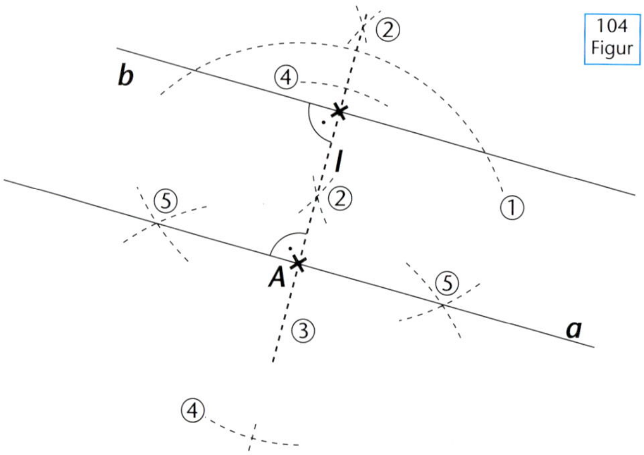


104 Figur

S. 49 …, dass die Gerade mit ihrem Bild einen Winkel einschließt, der doppelt so groß ist wie der Winkel zwischen Gerade und Achse.

Möglichkeit 1

Konstruiere $P'$ mit $P \in h$ und $P \overset{g}{\longmapsto} P'$.

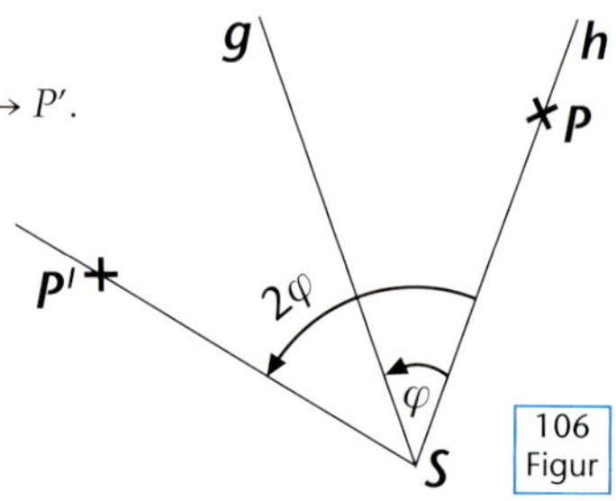


106 Figur

Ergebnis: $2\,\varphi = \sphericalangle PSP'$

C

S. 49

**Möglichkeit 2**

Konstruiere $R'$ mit $R \in g$ und $R \xmapsto{h} R'$.

Ergebnis: $2\,\varphi = \sphericalangle R'SR$

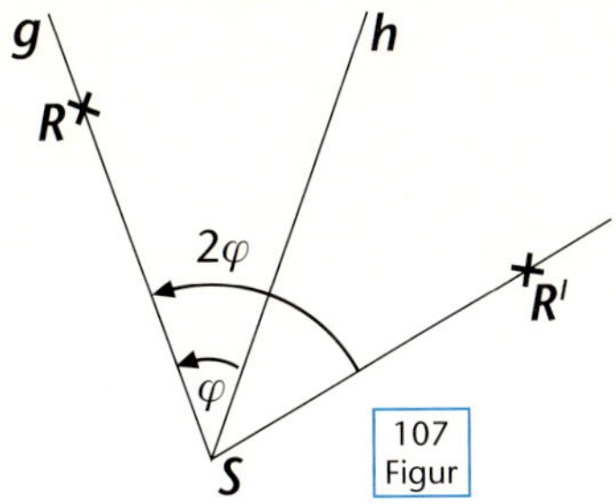


107 Figur

S. 50

C

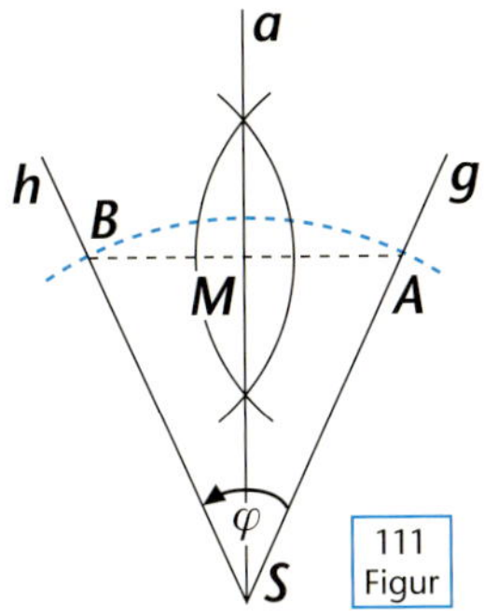


111 Figur

C4
S. 50

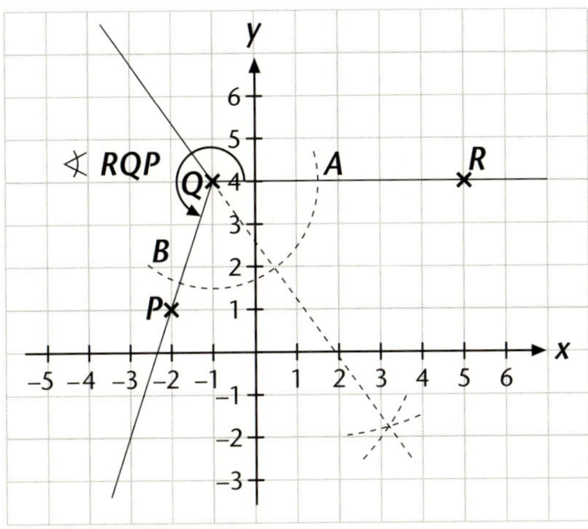


112 Figur

C5
S. 52

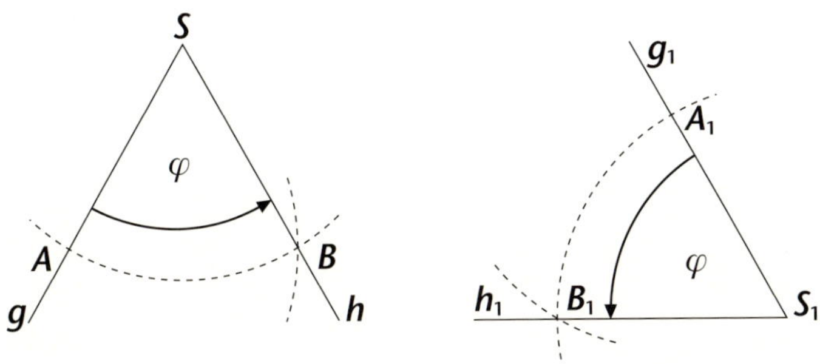


116 Figur

D

**S. 54/55** $\triangle ABC \xmapsto{a_1} \triangle A_1B_1C_1$
$\xmapsto{a_2} \triangle A'B'C'$

122b
Figur

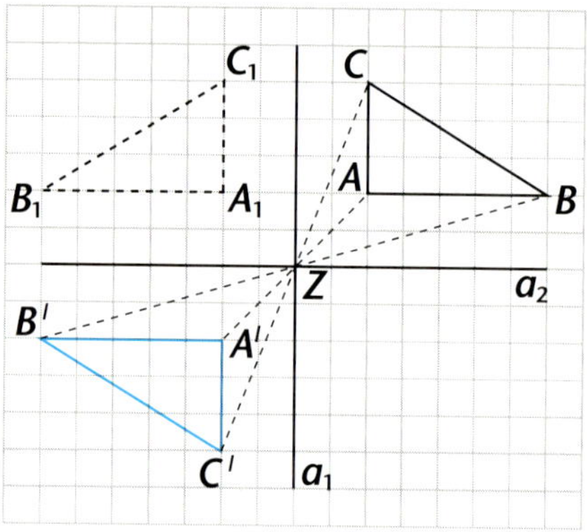


**S. 55** $\triangle ABC \xmapsto{a_2} \triangle A_2B_2C_2$
$\xmapsto{a_1} \triangle A^*B^*C^*$

122c
Figur

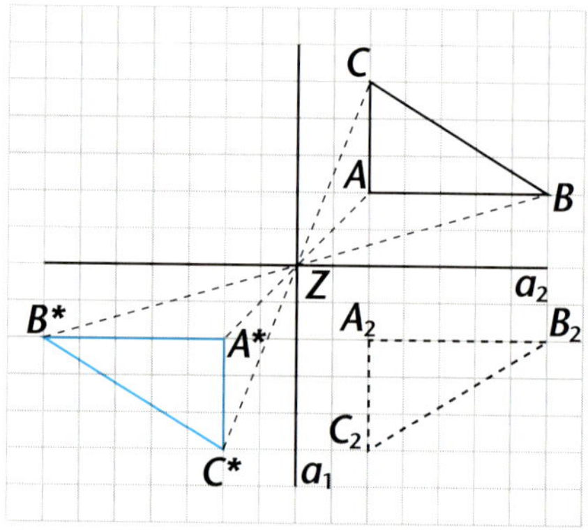


**S. 56**
- Strecke und zugehörige Bildstrecke verlaufen parallel zueinander.
- Alle Verbindungsstrecken von Punkt und zugehörigem Bildpunkt gehen durch den Schnittpunkt der beiden Spiegelachsen.
- Alle Verbindungsstrecken von Punkt und zugehörigem Bildpunkt werden vom Schnittpunkt der Spiegelachsen halbiert.

**D 1**
**S. 57** Spiegele das $\triangle ABC$ am Zentrum Z und zeichne das $\triangle A'B'C'$. ($\triangle ABC \xmapsto{Z} \triangle A'B'C'$)

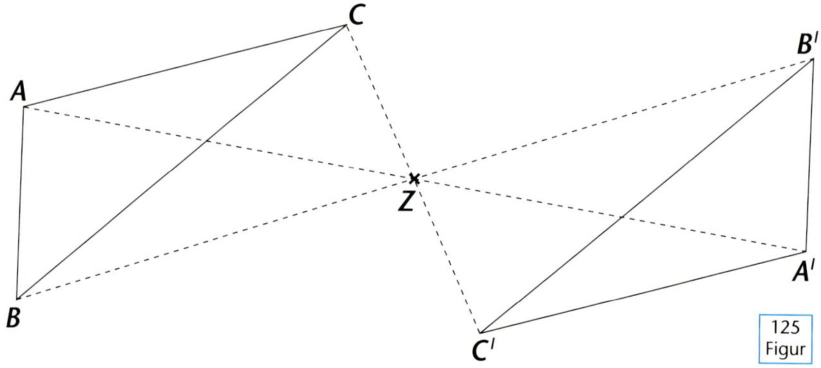


125
Figur

**D 2**
**S. 57**

a) Strecke und Bildstrecke verlaufen parallel zueinander.

b) Da die Strecken und ihre Bildstrecken gleich lang und die entsprechenden Winkel gleich groß sind, sind die beiden Dreiecke kongruent zueinander.

c) Bei der Punktspiegelung bleibt der Drehsinn erhalten.

**D 3**
**S. 57**

Spiegele die Geraden jeweils am Zentrum Z.

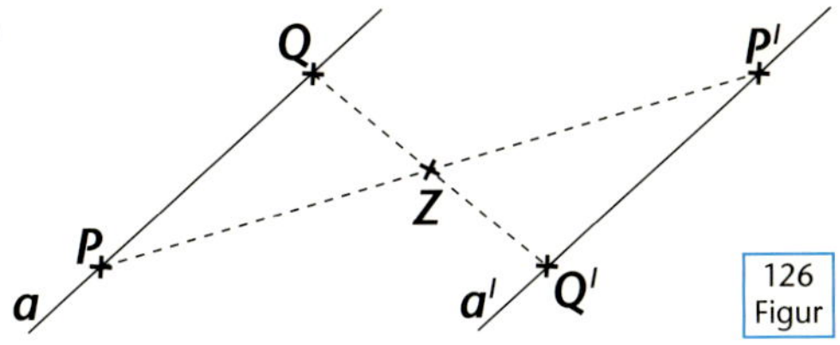


126 Figur

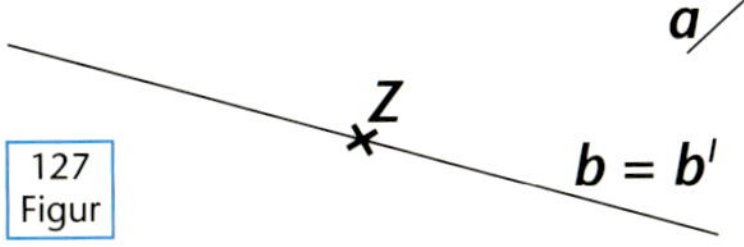


127 Figur

**S. 58**

2. Zeichne Kreis um Z mit Radius $\overline{PZ}$.

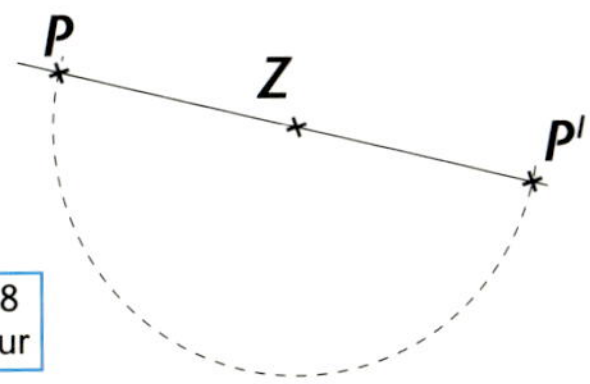


128 Figur

- Die Punktspiegelung am Zentrum Z besitzt nur einen Fixpunkt, dies ist das Zentrum.
- Da die Punktspiegelung nur das Zentrum Z als einzigen Fixpunkt hat, gibt es keine Fixpunktgeraden.
- Alle Geraden, die durch das Zentrum verlaufen, sind Fixgeraden.

**Beispiel**

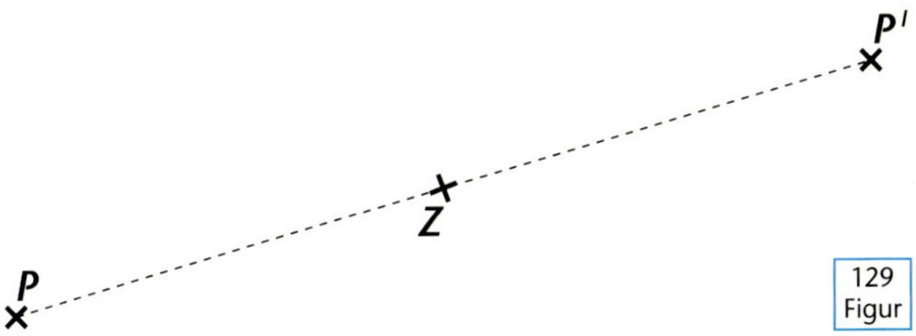


129 Figur

Das Zentrum ist genau der Mittelpunkt der Strecke [PP'].

D

S. 59 Denn $Z$ liegt sowohl auf der Strecke $[AA']$ als auch auf der Strecke $[BB']$.

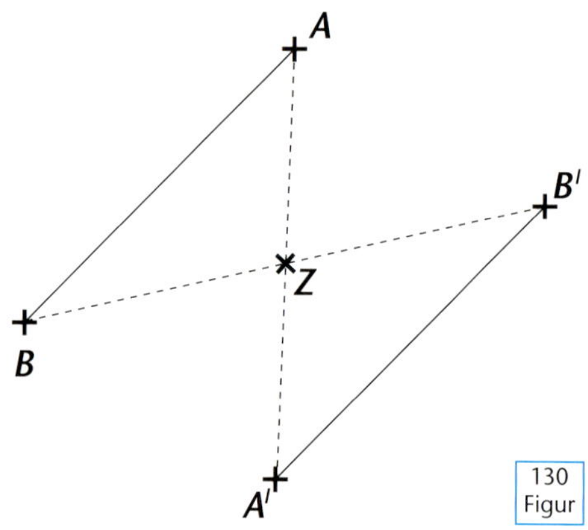


130 Figur

D

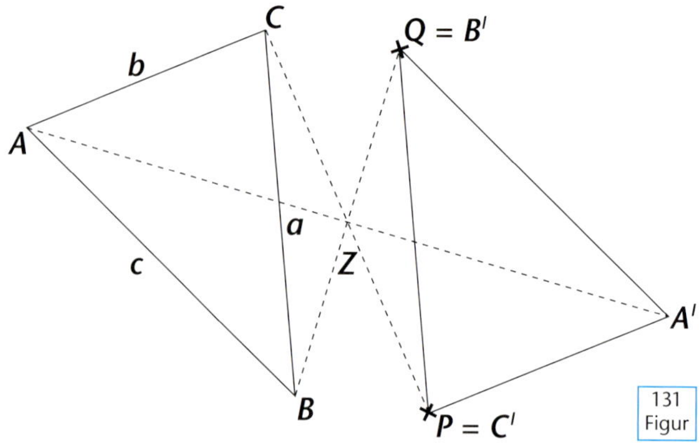


131 Figur

**Anleitung**

1. Der Punkt $P$ entspricht $C'$.
2. Der Punkt $Q$ entspricht $B'$.
3. $Z$ liegt auf den Verbindungsstrecken von Punkt $P$ mit $C$ und von Punkt $Q$ mit $B$.
4. Um den Punkt $A'$ zu finden, gibt es mehrere Möglichkeiten:
   - Du kannst $A'$ als Bildpunkt von $A$ konstruieren.
   - Du kannst ausnutzen, dass Strecke und Bildstrecke jeweils parallel verlaufen. (Ziehe Parallele zu $AC$ durch $C'$ und Parallele zu $AB$ durch $B'$.)
   - Du kannst ausnutzen, dass Strecke und Bildstrecke jeweils gleich lang sind. (Zeichne Kreis um $B'$ mit Radius $c$ und Kreis um $C'$ mit Radius $b$.)

**D 4**
S. 60

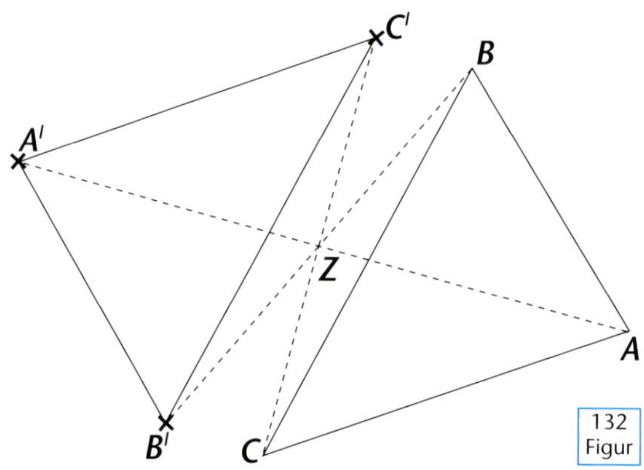


132 Figur

D5
S. 60

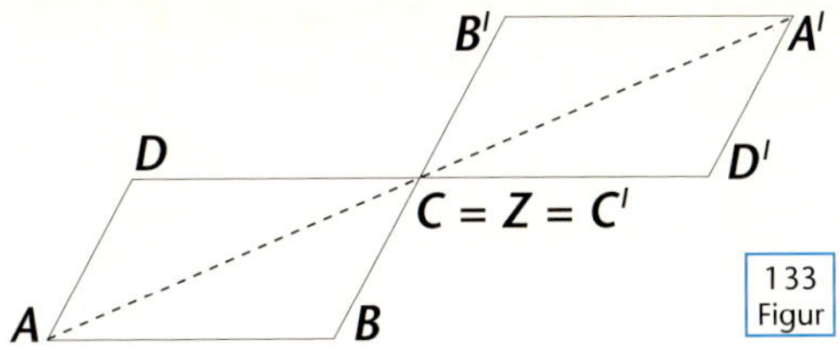


133 Figur

D6
S. 60

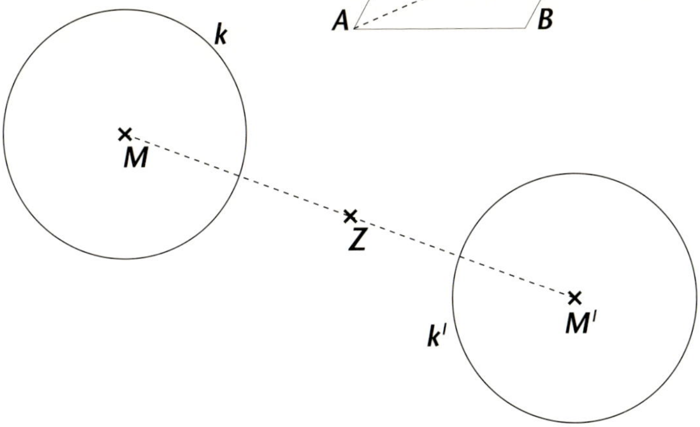


134 Figur

D7
S. 60

135 Figur

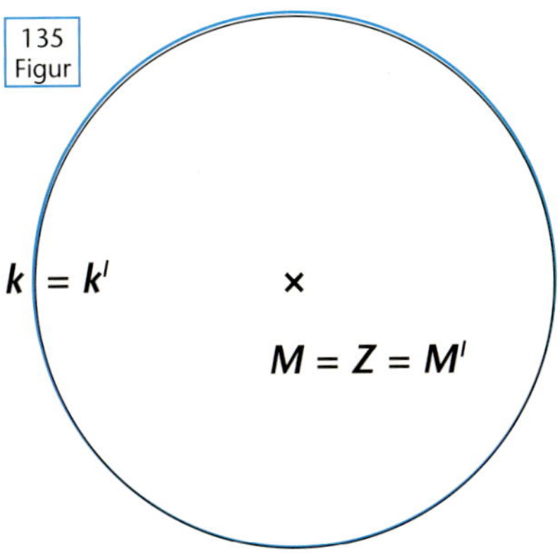


Der Kreis *k* wurde also auf sich selbst abgebildet.
Deshalb gilt hier: $k = k'$

## Lösungen Teil E

S. 61/62

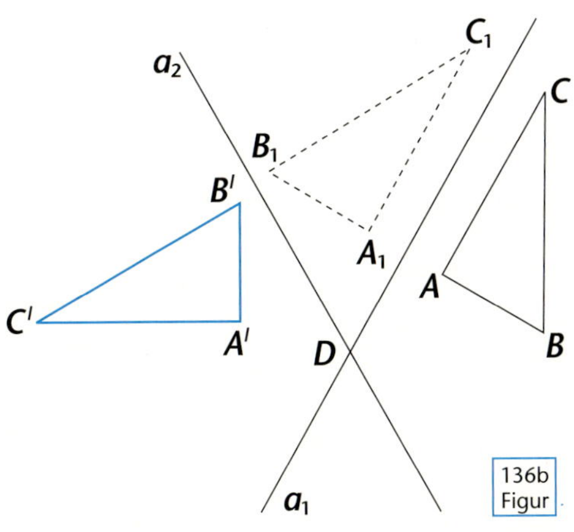


136b Figur

S. 62

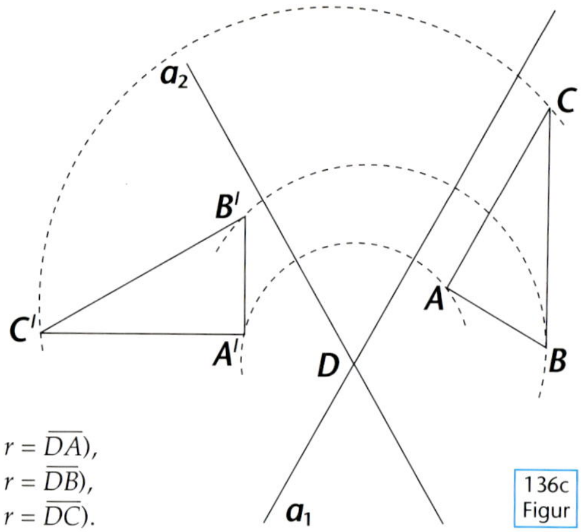


136c Figur

In Kurzschreibweise: $A' \in k\ (D;\ r = \overline{DA})$,
$B' \in k\ (D;\ r = \overline{DB})$,
$C' \in k\ (D;\ r = \overline{DC})$.

S. 63

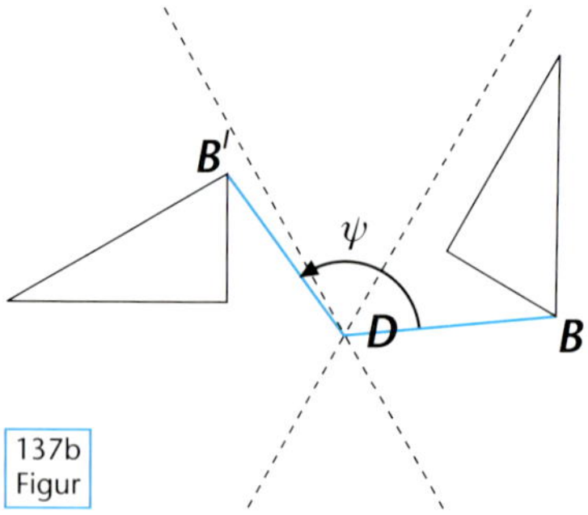


137b Figur

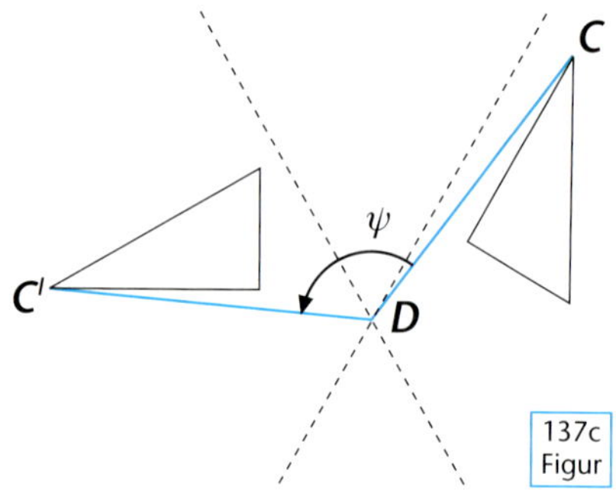


137c Figur

Dir fällt sicher auf, dass die jetzt gezeichneten Winkel alle gleich groß sind.
Kurz ausgedrückt: $\sphericalangle ADA' = \sphericalangle BDB' = \sphericalangle CDC'$

Für den Schnittwinkel $\varphi$ gilt: $\varphi = \varphi_1 + \varphi_2$

Für den Drehwinkel $\psi$ gilt: 
$$\begin{aligned}\sphericalangle ADA' &= \underbrace{\varphi_1 + \varphi_1} + \underbrace{\varphi_2 + \varphi_2} = \\ &= 2\,\varphi_1 + 2\varphi_2 = \\ &= 2\,(\varphi_1 + \varphi_2) = \\ &= 2\varphi = \psi\end{aligned}$$

E 1 S. 64 Nur das Dreieck ② ist durch Drehung aus dem Dreieck $ABC$ entstanden.

S. 65 Schlage um $D$ mit dem Zirkel einen Kreis mit dem Radius $r = \overline{DP}$.

E 2 S. 65

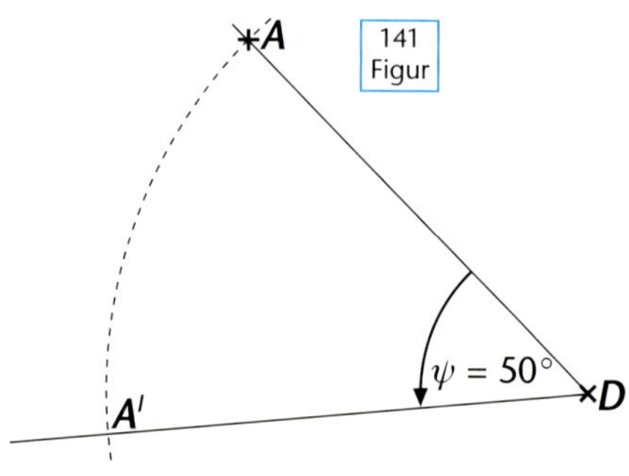


141 Figur

E 3
S. 65

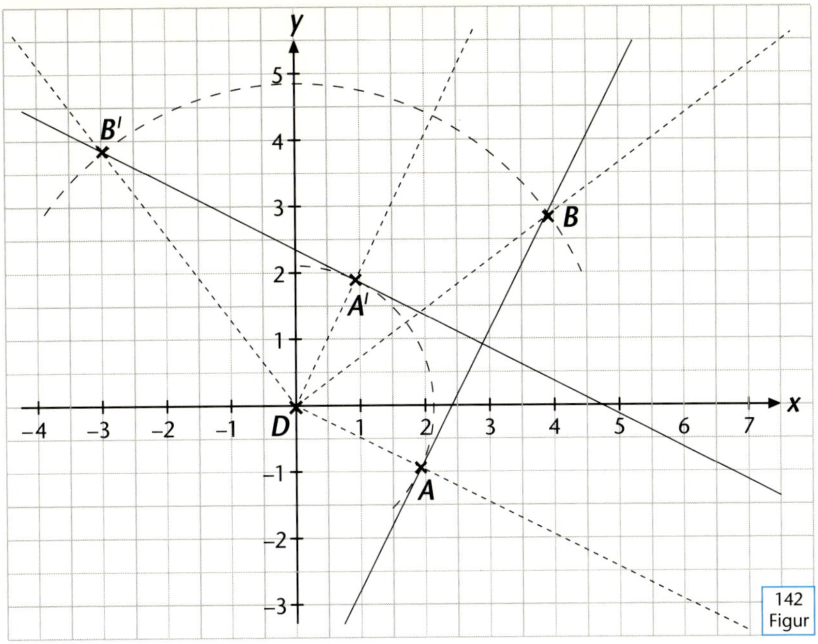


142
Figur

E 4
S. 65

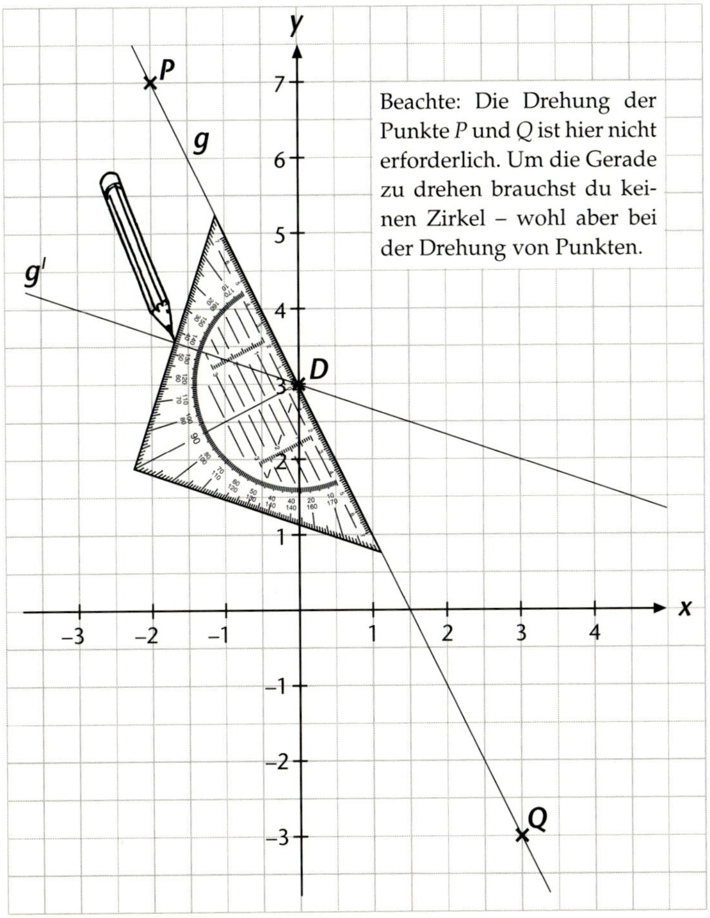


143
Figur

E

**S. 66** Wenn du eine Drehung um 360° ausführst, befindet sich jeder Punkt wieder in seiner Ausgangslage.

Deshalb gilt für eine Drehung um 360°, dass die Achsen einen Schnittwinkel von 180° haben.

Wenn der Schnittwinkel der Achsen 180° beträgt, gilt für die Achsen $a_1 = a_2$!

**S. 67** Im Kapitel D über Punktspiegelung betrug der Schnittwinkel der Achsen 90°. Wenn wir die Regeln der Drehung darauf anwenden, wissen wir, dass einem Schnittwinkel von 90° ein Drehwinkel von 180° entspricht.

E

**S. 68** … dass diese Drehung mit $\psi = -40°$ zum gleichen Ergebnis führt wie eine Drehung um $\psi^* = 360° - 40° = 320°$.

**E 5**
**S. 68**

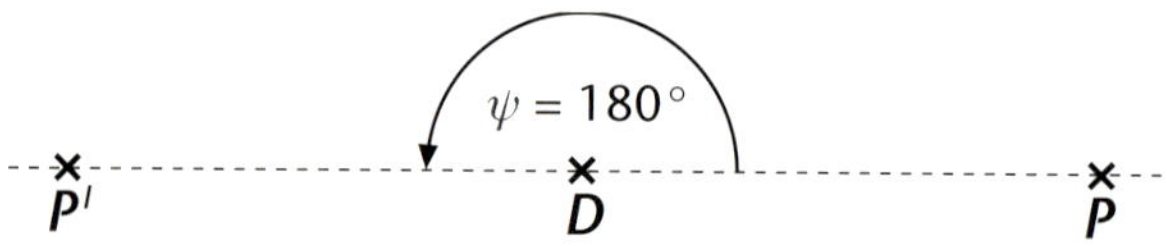


150 Figur

**E 6**
**S. 68**

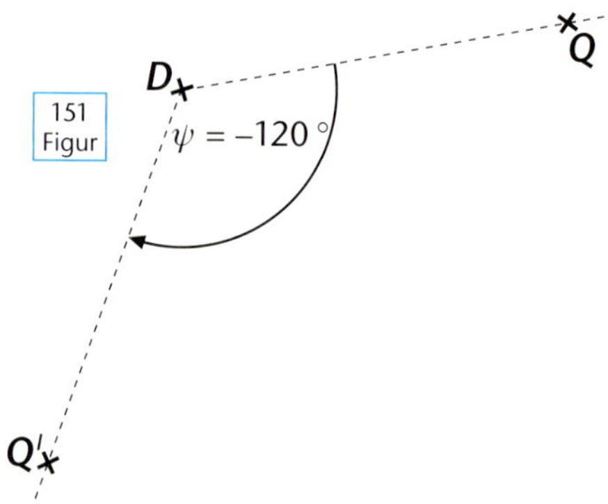


151 Figur

**E 7**
**S. 69**

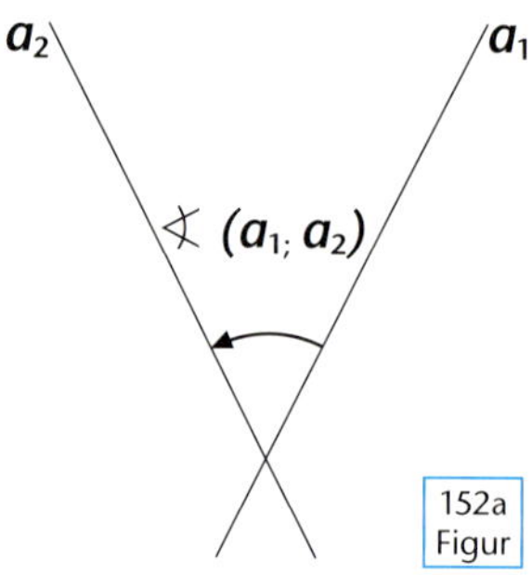


152a Figur

$\sphericalangle(a_1; a_2) = 55°$

➡ $\psi = \underbrace{2 \cdot 55°}_{\text{vergleiche Abschnitt E1}} = 110°$

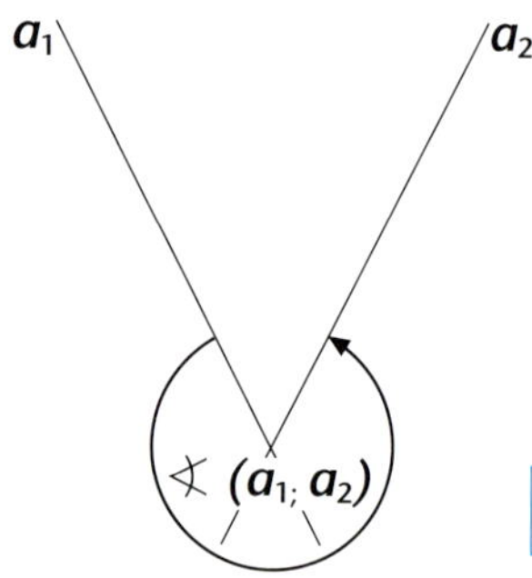


152b Figur

$\sphericalangle(a_1; a_2) = 305° = -55°$

➡ $\psi = \underbrace{2 \cdot (-55°)}_{\text{vergleiche Abschnitt E1}} = -110°$

bzw.:

$\psi^* = \underbrace{360° - 110°}_{\text{vergleiche Abschnitt E3.3}} = 250°$

**E 8**
**S. 69**

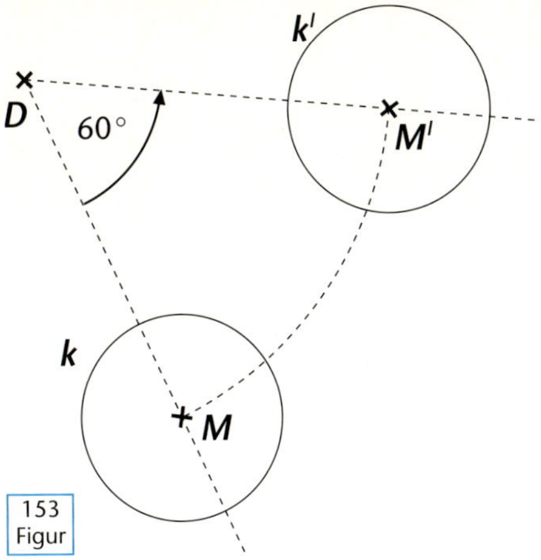


153 Figur

**E**

**E 9**
**S. 69**

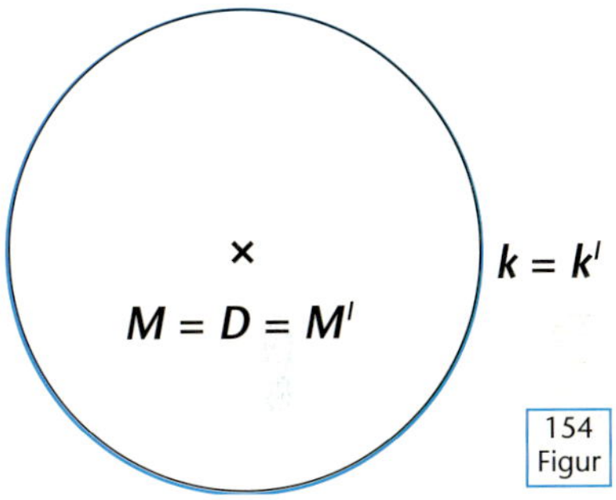


154 Figur

Der Mittelpunkt ist Fixpunkt; jeder Punkt auf der Kreislinie „wandert" zwar um 80°, aber die Kreislinie bleibt insgesamt erhalten.

**E 10**

Gesamtdrehwinkel $\psi = \psi_1 + \psi_2$

**E 11**
**S. 69**

a) $\bar{\psi} = -40°$
$\psi^* = 320°$

b) $\bar{\psi} = -150°$
$\psi^* = 210°$

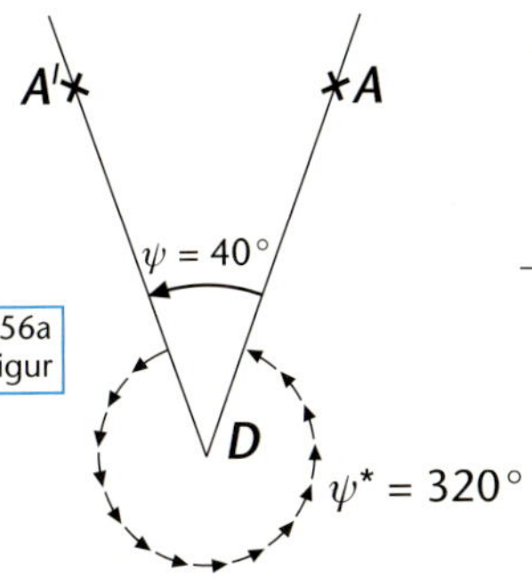


156a Figur

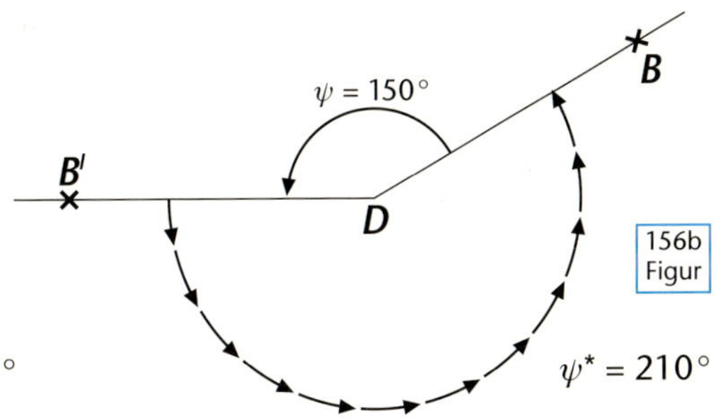


156b Figur

**S. 70**

- Die allgemeine Drehung besitzt nur einen einzigen Fixpunkt, nämlich den Drehpunkt *D*. Es gibt – mit Ausnahme der Sonderfälle – weder Fixgeraden noch Fixpunktgeraden.
- Beim Sonderfall der Identität (Drehung um 360°) ist jeder Punkt ein Fixpunkt und jede Gerade eine Fixpunktgerade.
- Beim Sonderfall der Punktspiegelung (Drehung um 180°) ist der Drehpunkt der einzige Fixpunkt. Alle Geraden durch den Drehpunkt sind Fixgeraden. Es gibt keine Fixpunktgeraden.

**S. 70**

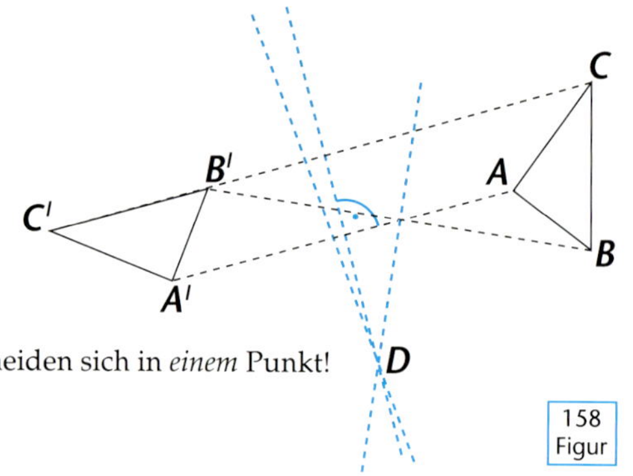


Die drei Mittelsenkrechten schneiden sich in *einem* Punkt!

158 Figur

E + F

## Lösungen Teil F

**S. 71/72**

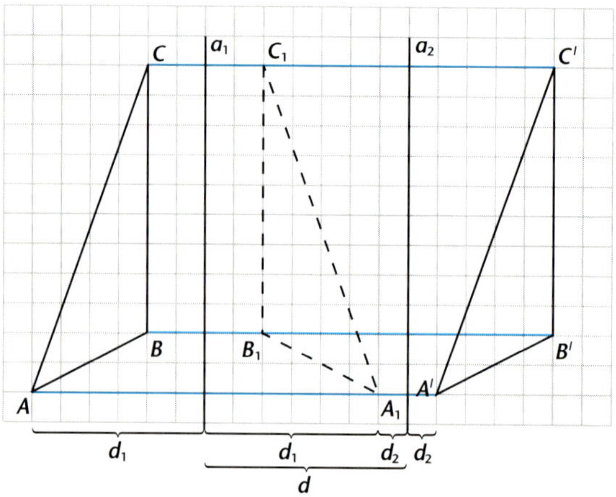


159c Figur

- Strecken und Bildstrecken verlaufen jeweils parallel zueinander.

**S. 73**

- Die Verbindungsstrecken sind alle gleich lang.
- Die Verbindungsstrecken laufen alle parallel zueinander.
- Die Verbindungsstrecken stehen senkrecht auf den Achsen.

$$\overline{AA'} = d_1 + d_1 + d_2 + d_2 =$$
$$= \underbrace{d_1 + d_2}_{} + \underbrace{d_1 + d_2}_{} =$$
$$= d + d = 2\,d$$

$\overline{BB'} = 2\,d$ und $\overline{CC'} = 2\,d$

**F1**
**F2**
**F3**
**S. 74**

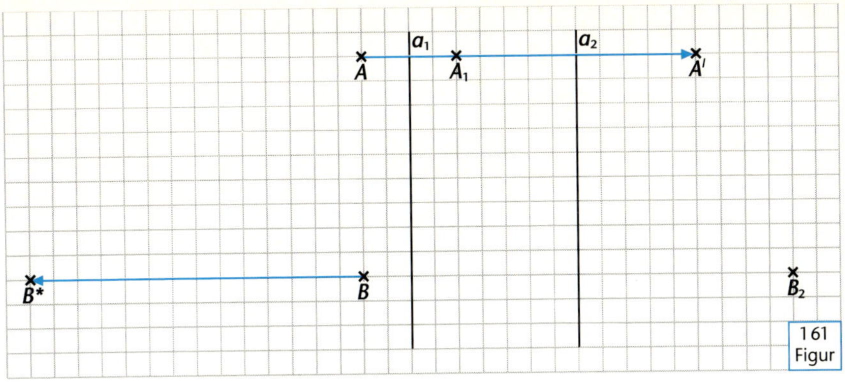

161 Figur

**F4**
**S. 74**

a) Die beiden Verschiebungspfeile sind gleich lang.

b) Die beiden Verschiebungspfeile verlaufen parallel zueinander.

c) Die beiden Verschiebungspfeile sind entgegengesetzt gerichtet.

**S. 76**

| | | |
|---|---|---|
| $\overrightarrow{AA'} = \vec{u}$ | $\overrightarrow{DD'} = \vec{w}$ | $\overrightarrow{GG'} = \vec{u}$ |
| $\overrightarrow{BB'} = \vec{w}$ | $\overrightarrow{EE'} = \vec{u}$ | $\overrightarrow{HH'} = \vec{w}$ |
| $\overrightarrow{CC'} = \vec{v}$ | $\overrightarrow{FF'} = \vec{v}$ | |

**F5**
**S. 78**

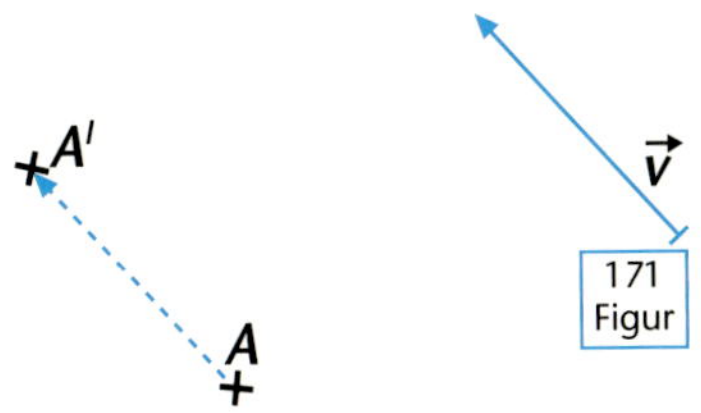

171 Figur

**F6**
**S. 78**

a) $a_2$ halbiert $\vec{v}$ genau
b), c)

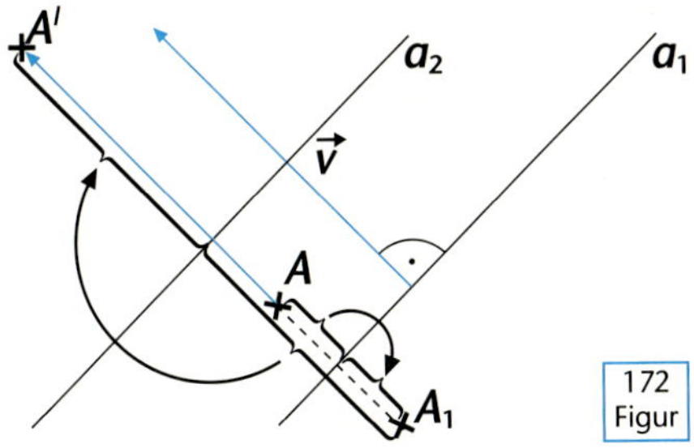

172 Figur

d) $\overrightarrow{AA'} = \vec{v}$

**F7**
**S. 78**

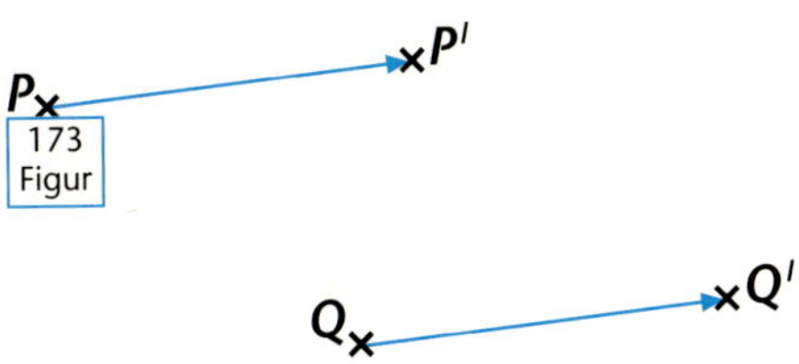

173 Figur

**F 8**
**S. 78**

a), b), c)

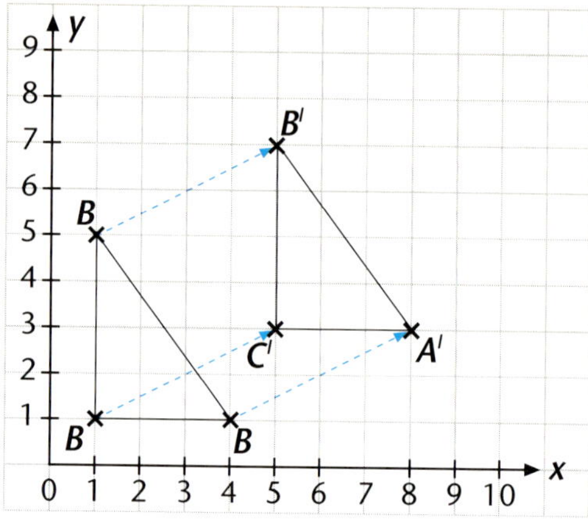


d) $A'$ (8|3); $B'$ (5|7); $C'$ (5|3)

e) $\overrightarrow{AA'} = \overrightarrow{BB'} = \overrightarrow{CC'}$

174
Figur

**F 9**
**S. 78**

Zwei Vektoren heißen gleich, wenn sie
- gleich lang sind,
- parallel verlaufen und
- gleich orientiert sind.

Mit anderen Worten: Zwei Vektoren heißen gleich, wenn sie
- gleiche Länge,
- gleiche Richtung und
- gleiche Orientierung haben.

**S. 79**

Zwei Vektoren heißen Gegenvektoren, wenn sie
- gleich lang sind,
- parallel verlaufen und
- entgegengesetzt orientiert sind.

**S. 80**

Bei der Verschiebung um den Nullvektor $\vec{o}$ ist jeder Punkt ein Fixpunkt und deshalb heißt diese Abbildung Identität.

**F 10**
**S. 80**

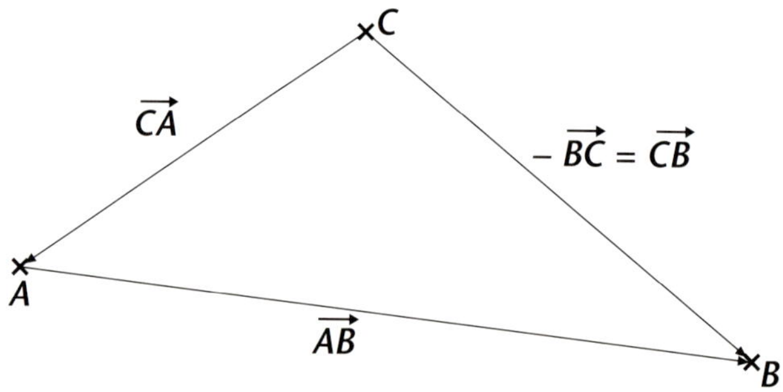


178
Figur

d) $\overrightarrow{AA} = \vec{o}$ (der Nullvektor lässt sich nicht zeichnen.)

**F 11**
**S. 80**

Der Nullvektor besitzt weder eine Richtung noch eine Orientierung und er hat die Länge 0 cm!

179a Figur

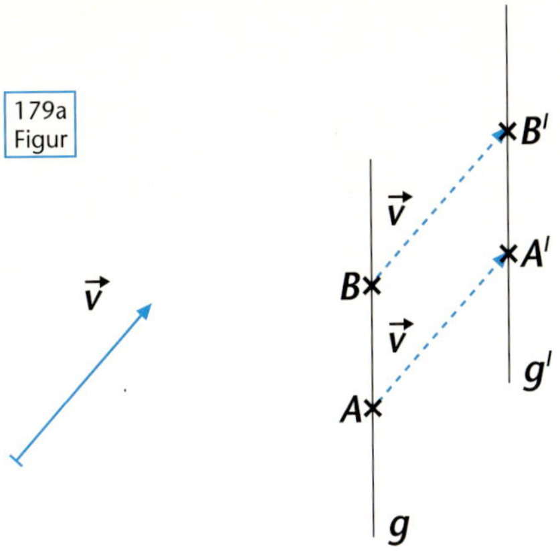


179c Figur

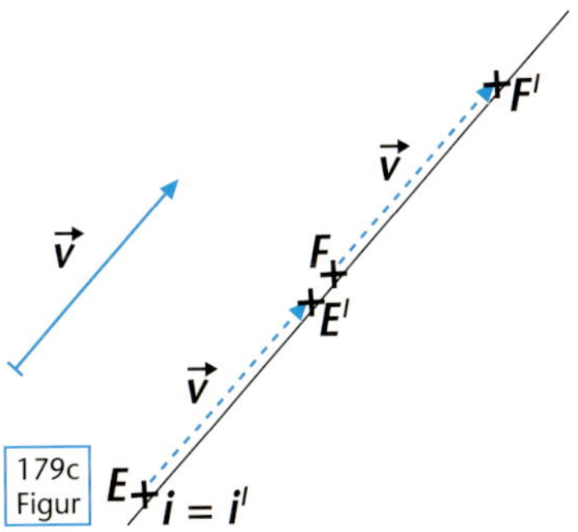


179b Figur

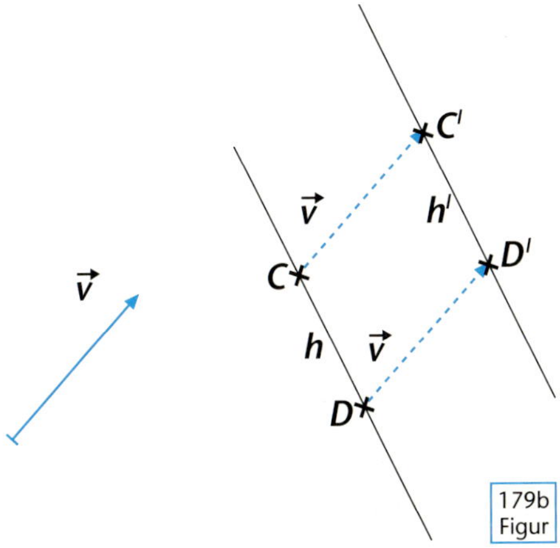


Die allgemeine Verschiebung besitzt keinen Fixpunkt und keine Fixpunktgerade, da jeder Punkt verschoben wird. **S. 80**
Aber jede Gerade, die parallel zum Verschiebungsvektor verläuft (siehe oben F 12c), ist eine Fixgerade.



## Lösungen Teil G

$P\,(-3\,|\,4)$: Vom Nullpunkt aus 3 nach links und von dort aus 4 nach oben. **S. 81**

Figur 180: Siehe nächste Seite.

Um vom Anfangspunkt $A$ zum Endpunkt $A'$ zu gelangen, muss man 4 Schritte nach rechts und 2 Schritte nach oben gehen. **S. 82**

$\overrightarrow{BB'} = \begin{pmatrix} 4 \\ 2 \end{pmatrix}$ $\overrightarrow{CC'} = \begin{pmatrix} 4 \\ 2 \end{pmatrix}$

S. 81

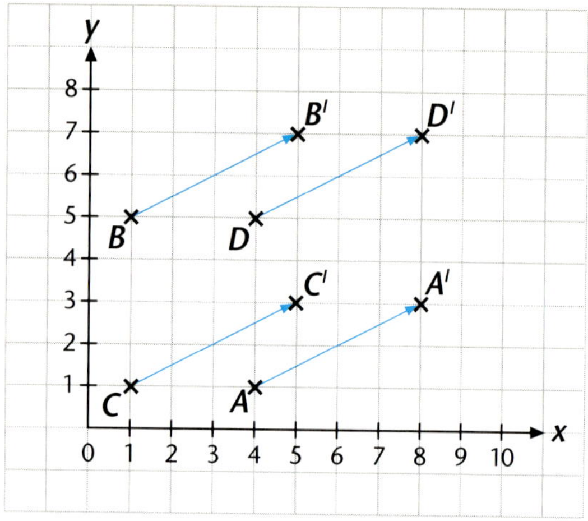

180 Figur

G 1 S. 82

(Siehe Figur 180)
Hinweis: Gehe von *D* aus 4 Schritte nach rechts und 2 Schritte nach oben.

G 2 S. 82

*D'* (8|7)

G 3 S. 83

a), c)

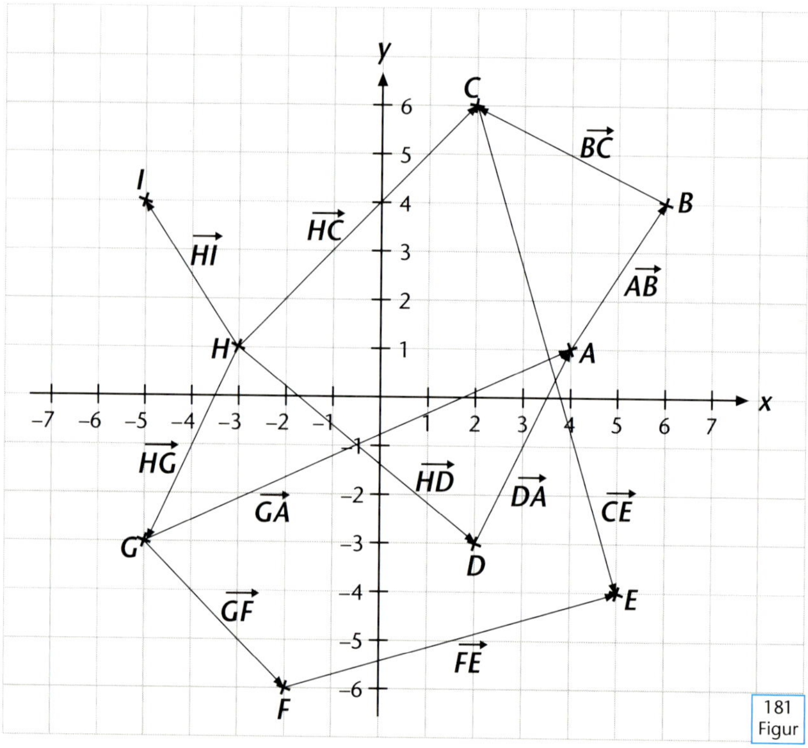

181 Figur

b) Schritte nach rechts zählen positiv, Schritte nach links zählen negativ } *x*-Wert (obere Vektorkoordinate)

Schritte nach oben zählen positiv, Schritte nach unten zählen negativ } *y*-Wert (untere Vektorkoordinate)

**S. 83**

c) $\overrightarrow{AB} = \begin{pmatrix}2\\3\end{pmatrix}$; $\overrightarrow{BC} = \begin{pmatrix}-4\\2\end{pmatrix}$; $\overrightarrow{FE} = \begin{pmatrix}7\\2\end{pmatrix}$; $\overrightarrow{GF} = \begin{pmatrix}3\\-3\end{pmatrix}$;

$\overrightarrow{CE} = \begin{pmatrix}-3\\-10\end{pmatrix}$; $\overrightarrow{DA} = \begin{pmatrix}2\\4\end{pmatrix}$; $\overrightarrow{GA} = \begin{pmatrix}9\\4\end{pmatrix}$; $\overrightarrow{HG} = \begin{pmatrix}-2\\-4\end{pmatrix}$;

$\overrightarrow{HD} = \begin{pmatrix}5\\-4\end{pmatrix}$; $\overrightarrow{HC} = \begin{pmatrix}5\\5\end{pmatrix}$; $\overrightarrow{HI} = \begin{pmatrix}-2\\3\end{pmatrix}$;

**S. 84**

$$\begin{array}{ccc} & \overset{x_A\ \ y_A}{A\,(4\,|\,1)} & \\ 6-4 = 2 & \downarrow\ \downarrow & 4-1=3 \\ & \underset{x_B\ \ y_B}{B\,(6\,|\,4)} & \end{array} \Bigg\}\ \overrightarrow{AB} = \begin{pmatrix}2\\3\end{pmatrix} \begin{matrix}x\text{-Wert}\\ y\text{-Wert}\end{matrix}$$

$$\begin{array}{ccc} & B\,(6\,|\,4) & \\ 2-6 = -4 & \downarrow\ \downarrow & 6-4=2 \\ & C\,(2\,|\,6) & \end{array} \Bigg\}\ \overrightarrow{BC} = \begin{pmatrix}-4\\-2\end{pmatrix} \begin{matrix}x\text{-Wert}\\ y\text{-Wert}\end{matrix}$$

- Von der $x$-Koordinate des Endpunktes muss die $x$-Koordinate des Anfangspunktes subtrahiert werden.
- Von der $y$-Koordinate des Endpunktes muss die $y$-Koordinate des Anfangspunktes subtrahiert werden.

$6-(-4) = 6+4 = 10$ $\quad -4-(-1) = -4+1 = -3$ $\quad 2-(-8) = 2+8 = 10$

$-5-\ 3 = -8$ $\quad 3-\ 7 = -4$

**G 4**
**S. 85**

a) $\overrightarrow{AB} = \begin{pmatrix}5-2\\1-3\end{pmatrix} = \begin{pmatrix}3\\-2\end{pmatrix}$

b) $\overrightarrow{BC} = \begin{pmatrix}3-5\\-3-1\end{pmatrix} = \begin{pmatrix}-2\\-4\end{pmatrix}$

c) $\overrightarrow{DB} = \begin{pmatrix}5-(-4)\\1-(-2)\end{pmatrix} = \begin{pmatrix}9\\3\end{pmatrix}$

d) $\overrightarrow{CE} = \begin{pmatrix}-3-\ 3\\4-(-3)\end{pmatrix} = \begin{pmatrix}-6\\7\end{pmatrix}$

e) $\overrightarrow{OA} = \begin{pmatrix}2-0\\3-0\end{pmatrix} = \begin{pmatrix}2\\3\end{pmatrix}$

f) $\overrightarrow{OB} = \begin{pmatrix}5-0\\1-0\end{pmatrix} = \begin{pmatrix}5\\1\end{pmatrix}$

g) $\overrightarrow{OC} = \begin{pmatrix}3-0\\-3-0\end{pmatrix} = \begin{pmatrix}3\\-3\end{pmatrix}$

h) $\overrightarrow{OD} = \begin{pmatrix}-4-0\\-2-0\end{pmatrix} = \begin{pmatrix}-4\\-2\end{pmatrix}$

i) $\overrightarrow{OE} = \begin{pmatrix}-3-0\\4-0\end{pmatrix} = \begin{pmatrix}-3\\4\end{pmatrix}$

**G 5**
**S. 85**

Es gilt allgemein: $\overrightarrow{OP} = \begin{pmatrix}x_P-0\\y_P-0\end{pmatrix} = \begin{pmatrix}x_P\\y_P\end{pmatrix}$

G

**S. 85/86** Ergänze die Punktkoordinaten: $Q'\,(3|4)$

$\overrightarrow{OQ} = \begin{pmatrix}1\\3\end{pmatrix}$;

$\overrightarrow{QQ'} = \begin{pmatrix}2\\1\end{pmatrix}$;

$\overrightarrow{OQ'} = \begin{pmatrix}3\\4\end{pmatrix}$

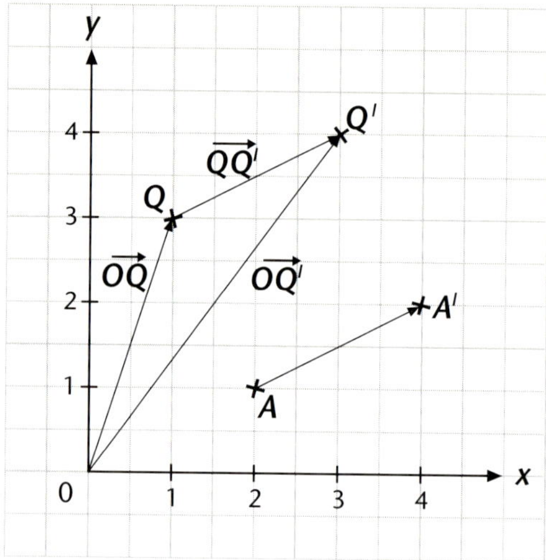


182 Figur

$$\overrightarrow{OQ} \oplus \overrightarrow{QQ'} = \begin{pmatrix}1\\3\end{pmatrix} \oplus \begin{pmatrix}2\\1\end{pmatrix} = \begin{pmatrix}3\\4\end{pmatrix} = \overrightarrow{OQ'}$$

**G6**
**S. 87**

a) $\vec{a} \oplus \vec{b} = \begin{pmatrix}3\\7\end{pmatrix} \oplus \begin{pmatrix}2\\4\end{pmatrix} = \begin{pmatrix}3+2\\7+4\end{pmatrix} = \begin{pmatrix}5\\11\end{pmatrix}$

b) $\vec{c} \oplus \vec{d} = \begin{pmatrix}-5\\-9\end{pmatrix} \oplus \begin{pmatrix}8\\-3\end{pmatrix} = \begin{pmatrix}-5+\ \ 8\\-9+(-3)\end{pmatrix} = \begin{pmatrix}3\\-12\end{pmatrix}$

c) $\overrightarrow{OA} \oplus \overrightarrow{AB} = \begin{pmatrix}2\\6\end{pmatrix} \oplus \begin{pmatrix}-1\\4\end{pmatrix} = \begin{pmatrix}2+(-1)\\6+\ \ 4\end{pmatrix} = \begin{pmatrix}1\\10\end{pmatrix}$

Für $P\,(5|2)$ und $\vec{v} = \begin{pmatrix}2\\4\end{pmatrix}$ gilt: $\overrightarrow{OP'} = \overrightarrow{OP} \oplus \vec{v} = \begin{pmatrix}5\\2\end{pmatrix} \oplus \begin{pmatrix}2\\4\end{pmatrix} = \begin{pmatrix}7\\6\end{pmatrix}$

**G7**
**S. 88**

a) $\overrightarrow{OQ'} = \overrightarrow{OQ} \oplus \vec{v} = \begin{pmatrix}2\\5\end{pmatrix} \oplus \begin{pmatrix}6\\-2\end{pmatrix} = \begin{pmatrix}8\\3\end{pmatrix}$ damit gilt: $Q'\,(8|3)$

b) $R'\,(3|-3)$

**G8**
**S. 88**

a) $\overrightarrow{AA'} = \begin{pmatrix}-4-2\\3-5\end{pmatrix} = \begin{pmatrix}-6\\-2\end{pmatrix} = \overrightarrow{BB'}$

$\overrightarrow{OB'} = \overrightarrow{OB} \oplus \overrightarrow{BB'} = \begin{pmatrix}1\\-1\end{pmatrix} \oplus \begin{pmatrix}-6\\-2\end{pmatrix} = \begin{pmatrix}-5\\-3\end{pmatrix}$ damit gilt: $B'\,(-5|-3)$

$\overrightarrow{PP'} \neq \overrightarrow{QQ'}$

b) S. 88

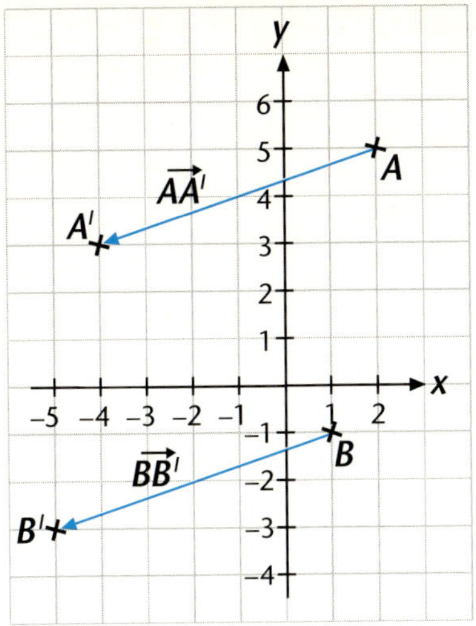


185
Figur

G

a) Sind die Verschiebungen $P \to P'$ und $Q \to Q'$ identisch? Nein! G 9 S. 89

Begründung:

$$\left.\begin{matrix} \overrightarrow{PP'} = \begin{pmatrix} 4-(-2) \\ 1-(-3) \end{pmatrix} = \begin{pmatrix} 6 \\ 4 \end{pmatrix} \\ \overrightarrow{QQ'} = \begin{pmatrix} 1-(-5) \\ 4-\ \ 2 \end{pmatrix} = \begin{pmatrix} 6 \\ 2 \end{pmatrix} \end{matrix}\right\} \overrightarrow{PP'} \neq \overrightarrow{QQ'}$$

b)

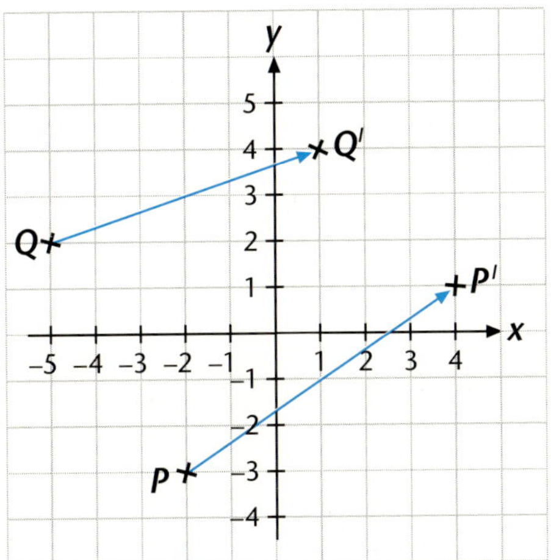


186
Figur

Teil a) – c): Siehe nächste Seite, Figur 187. Beispiel S. 90

d) $A'$ (5|5); $B'$ (7|5); $C'$ (5|8)

$\overrightarrow{AA'} = \begin{pmatrix} 4 \\ 4 \end{pmatrix}$; $\overrightarrow{BB'} = \begin{pmatrix} 4 \\ 4 \end{pmatrix}$; $\overrightarrow{CC'} = \begin{pmatrix} 4 \\ 4 \end{pmatrix}$

e) Da die Vektoren $\overrightarrow{AA'}$, $\overrightarrow{BB'}$ und $\overrightarrow{CC'}$ alle gleich sind, gilt: Zwei hintereinander ausgeführte Verschiebungen ergeben insgesamt wieder eine Verschiebung.

f) $\vec{u} \oplus \vec{v} = \begin{pmatrix} 2 \\ 1 \end{pmatrix} \oplus \begin{pmatrix} 2 \\ 3 \end{pmatrix} = \begin{pmatrix} 2+2 \\ 1+3 \end{pmatrix} = \begin{pmatrix} 4 \\ 4 \end{pmatrix} = \overrightarrow{AA'} = \overrightarrow{BB'} = \overrightarrow{CC'}$ S. 91

**Beispiel** a) – c)
**S. 90**

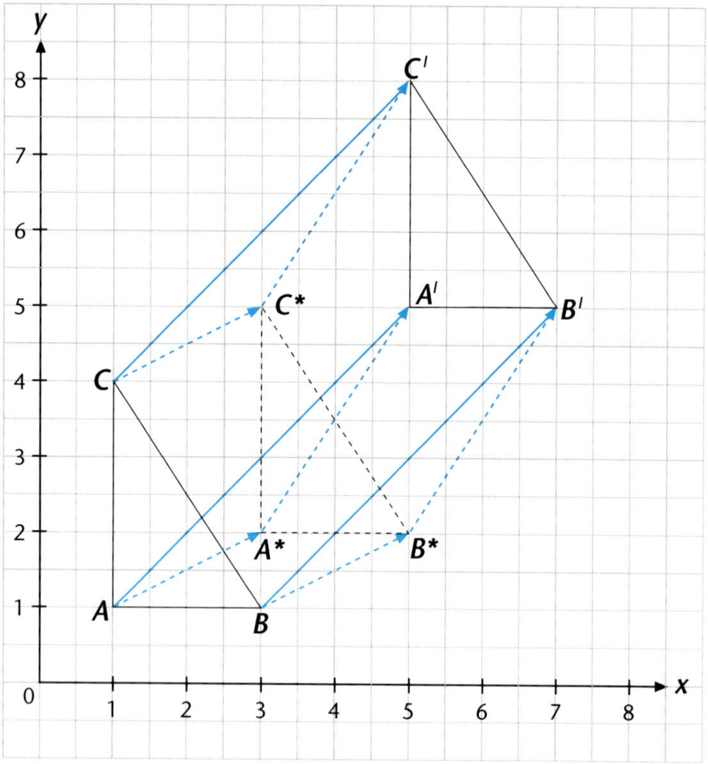


187 Figur

Teil d) – f): Siehe vorhergehende Seite.

**S. 91** g) Der Gesamtverschiebungsvektor, der sich ergibt, wenn man zwei Verschiebungen hintereinander ausführt, errechnet sich als Summe der beiden Verschiebungsvektoren.

**G 10** a) – d)
**S. 91**

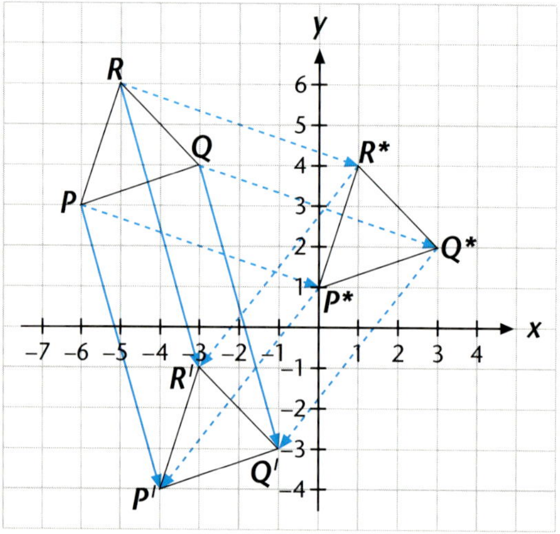


188 Figur

e) $P'(-4|-4)$; $Q'(-1|-3)$; $R'(-3|-1)$; **S. 91**

$$\overrightarrow{PP'} = \begin{pmatrix} 2 \\ -7 \end{pmatrix};\quad \overrightarrow{QQ'} = \begin{pmatrix} 2 \\ -7 \end{pmatrix};\quad \overrightarrow{RR'} = \begin{pmatrix} 2 \\ -7 \end{pmatrix}$$

f) $$\vec{a} \oplus \vec{b} = \begin{pmatrix} 6 \\ -2 \end{pmatrix} \oplus \begin{pmatrix} -4 \\ -5 \end{pmatrix} = \begin{pmatrix} 6+(-4) \\ -2+(-5) \end{pmatrix} = \begin{pmatrix} 2 \\ -7 \end{pmatrix} = \overrightarrow{PP'} = \overrightarrow{QQ'} = \overrightarrow{RR'}$$

$A(-1|2)$ und $A'(4|4)$ $$\overrightarrow{AA'} = \begin{pmatrix} 4-(-1) \\ 4-\;\;2 \end{pmatrix} = \begin{pmatrix} 5 \\ 2 \end{pmatrix};\quad \overrightarrow{A'A} = \begin{pmatrix} -1-4 \\ 2-4 \end{pmatrix} = \begin{pmatrix} -5 \\ -2 \end{pmatrix}$$ **S. 92**

Die beiden Vektoren $\overrightarrow{AA'}$ und $\overrightarrow{A'A}$ heißen Gegenvektoren.
Die beiden Koordinaten der Gegenvektoren unterscheiden sich nur durch je ein Minuszeichen.

**G**

**G 11** **S. 93**

$$\overrightarrow{PP'} = \begin{pmatrix} -4-\;\;2 \\ 3-(-5) \end{pmatrix} = \begin{pmatrix} -6 \\ 8 \end{pmatrix} \qquad \overrightarrow{P'P} = \begin{pmatrix} 2-(-4) \\ -5-\;\;3 \end{pmatrix} = \begin{pmatrix} 6 \\ -8 \end{pmatrix} = -\begin{pmatrix} -6 \\ 8 \end{pmatrix}$$

**G 12** **S. 93**

a) $-\vec{a} = \begin{pmatrix} -3 \\ -7 \end{pmatrix}$ b) $-\vec{b} = \begin{pmatrix} 5 \\ -2 \end{pmatrix}$ c) $-\vec{c} = \begin{pmatrix} -4 \\ 6 \end{pmatrix}$ d) $-\vec{d} = \begin{pmatrix} 8 \\ 13 \end{pmatrix}$

**G 13** **S. 93**

a) $\vec{a} \oplus (-\vec{a}) = \begin{pmatrix} 3 \\ 7 \end{pmatrix} \oplus \begin{pmatrix} -3 \\ -7 \end{pmatrix} = \begin{pmatrix} 0 \\ 0 \end{pmatrix}$ c) $\vec{c} \oplus (-\vec{c}) = \begin{pmatrix} 4 \\ -6 \end{pmatrix} \oplus \begin{pmatrix} -4 \\ 6 \end{pmatrix} = \begin{pmatrix} 0 \\ 0 \end{pmatrix}$

b) $\vec{b} \oplus (-\vec{b}) = \begin{pmatrix} -5 \\ 2 \end{pmatrix} \oplus \begin{pmatrix} 5 \\ -2 \end{pmatrix} = \begin{pmatrix} 0 \\ 0 \end{pmatrix}$ d) $\vec{d} \oplus (-\vec{d}) = \begin{pmatrix} -8 \\ -13 \end{pmatrix} \oplus \begin{pmatrix} 8 \\ 13 \end{pmatrix} = \begin{pmatrix} 0 \\ 0 \end{pmatrix}$

Addiert man zu einem Vektor $\vec{v}$ seinen Gegenvektor $-\vec{v}$, so ergibt sich ein Vektor mit der $x$-Koordinate null und mit der $y$-Koordinate null.

- Vektorbestimmung: „Endpunkt minus Anfangspunkt"

**S. 94**

a)

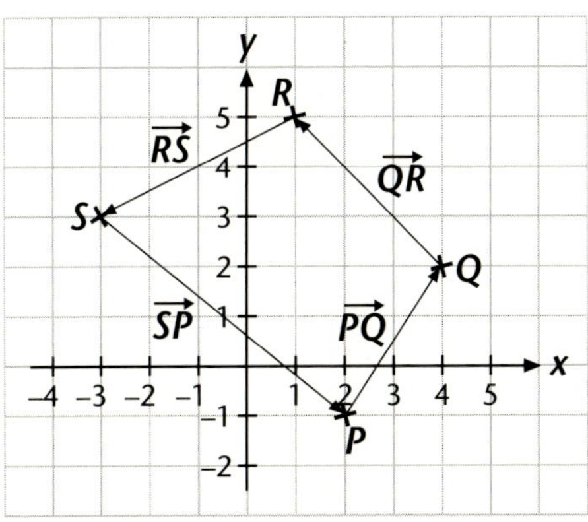


190 Figur

G

**S. 94** b) $\overrightarrow{QR} = \begin{pmatrix} x_R - x_Q \\ y_R - y_Q \end{pmatrix} = \begin{pmatrix} 1-4 \\ 5-2 \end{pmatrix} = \begin{pmatrix} -3 \\ 3 \end{pmatrix}$ $\quad \overrightarrow{SP} = \begin{pmatrix} x_P - x_S \\ y_P - y_S \end{pmatrix} = \begin{pmatrix} 2-(-3) \\ -1-\ \ 3 \end{pmatrix} = \begin{pmatrix} 5 \\ -4 \end{pmatrix}$

$\overrightarrow{RS} = \begin{pmatrix} x_S - x_R \\ y_S - y_R \end{pmatrix} = \begin{pmatrix} -3-1 \\ 3-5 \end{pmatrix} = \begin{pmatrix} -4 \\ -2 \end{pmatrix}$

c) $\overrightarrow{PQ} \oplus \overrightarrow{QR} \oplus \overrightarrow{RS} \oplus \overrightarrow{SP} =$

$= \begin{pmatrix} 2 \\ 3 \end{pmatrix} \oplus \begin{pmatrix} -3 \\ 3 \end{pmatrix} \oplus \begin{pmatrix} -4 \\ -2 \end{pmatrix} \oplus \begin{pmatrix} 5 \\ -4 \end{pmatrix} = \begin{pmatrix} 2 + (-3) + (-4) + \ \ 5 \\ 3 + \ \ 3 + (-2) + (-4) \end{pmatrix} = \begin{pmatrix} 0 \\ 0 \end{pmatrix}$

**G 14**
**S. 94** a), b)

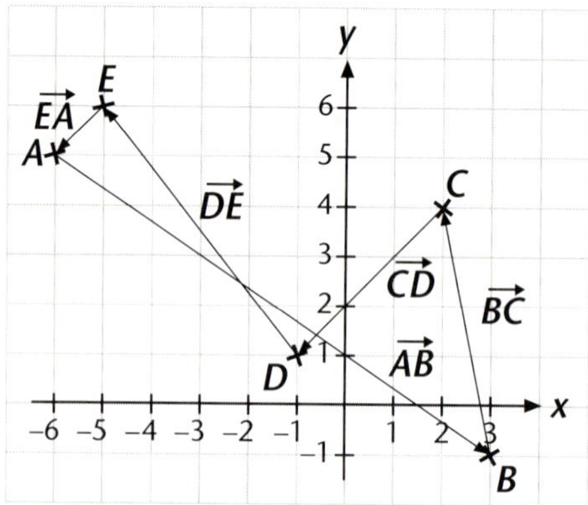


191 Figur

c) $\overrightarrow{AB} = \begin{pmatrix} 9 \\ -6 \end{pmatrix}$; $\overrightarrow{BC} = \begin{pmatrix} -1 \\ 5 \end{pmatrix}$; $\overrightarrow{CD} = \begin{pmatrix} -3 \\ -3 \end{pmatrix}$; $\overrightarrow{DE} = \begin{pmatrix} -4 \\ 5 \end{pmatrix}$; $\overrightarrow{EA} = \begin{pmatrix} -1 \\ -1 \end{pmatrix}$

**S. 95** d) $\overrightarrow{AB} \oplus \overrightarrow{BC} \oplus \overrightarrow{CD} \oplus \overrightarrow{DE} \oplus \overrightarrow{EA} =$

$= \begin{pmatrix} 9 \\ -6 \end{pmatrix} \oplus \begin{pmatrix} -1 \\ 5 \end{pmatrix} \oplus \begin{pmatrix} -3 \\ -3 \end{pmatrix} \oplus \begin{pmatrix} -4 \\ 5 \end{pmatrix} \oplus \begin{pmatrix} -1 \\ -1 \end{pmatrix} =$

$= \begin{pmatrix} 9 + (-1) + (-3) + (-4) + (-1) \\ -6 + \ \ 5 + (-3) + \ \ 5 + (-1) \end{pmatrix} = \begin{pmatrix} 0 \\ 0 \end{pmatrix}$

**G 15**
**S. 95** a), b)

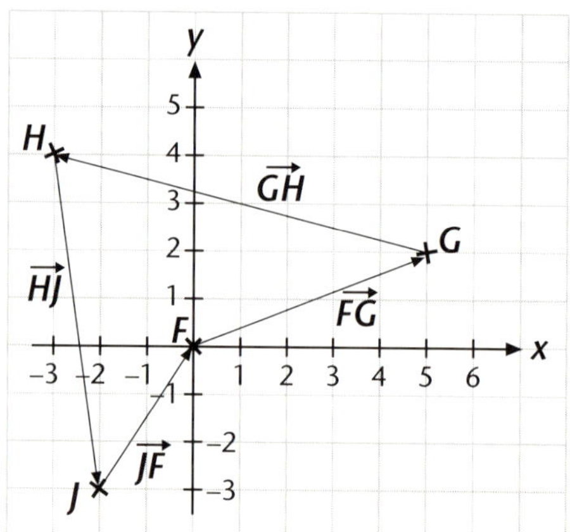


192 Figur

c) $\overrightarrow{FG} = \begin{pmatrix} 5 \\ 2 \end{pmatrix}$; $\overrightarrow{GH} = \begin{pmatrix} -8 \\ 2 \end{pmatrix}$; $\overrightarrow{HI} = \begin{pmatrix} 1 \\ -7 \end{pmatrix}$; $\overrightarrow{IF} = \begin{pmatrix} 2 \\ 3 \end{pmatrix}$

d) $\overrightarrow{FG} \oplus \overrightarrow{GH} \oplus \overrightarrow{HI} \oplus \overrightarrow{IF} =$ S.95

$$= \begin{pmatrix} 5 \\ 2 \end{pmatrix} \oplus \begin{pmatrix} -8 \\ 2 \end{pmatrix} \oplus \begin{pmatrix} 1 \\ -7 \end{pmatrix} \oplus \begin{pmatrix} 2 \\ 3 \end{pmatrix} = \begin{pmatrix} 5 + (-8) + 1 + 2 \\ 2 + 2 + (-7) + 3 \end{pmatrix} = \begin{pmatrix} 0 \\ 0 \end{pmatrix}$$

G 16
S.96

a), b)

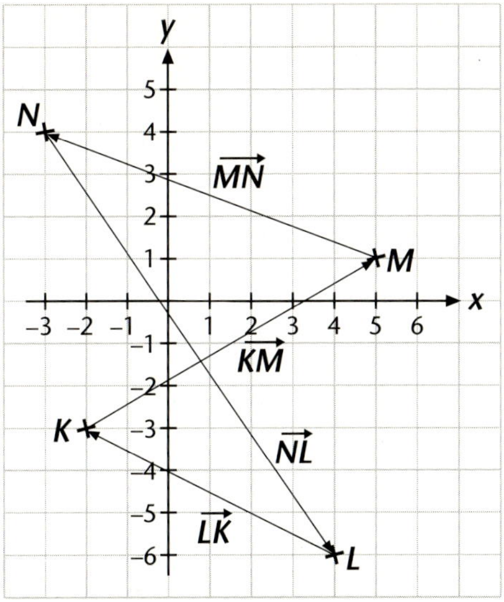


193
Figur

c) $\overrightarrow{KM} = \begin{pmatrix} 7 \\ 4 \end{pmatrix}$; $\overrightarrow{MN} = \begin{pmatrix} -8 \\ 3 \end{pmatrix}$; $\overrightarrow{NL} = \begin{pmatrix} 7 \\ -10 \end{pmatrix}$; $\overrightarrow{LK} = \begin{pmatrix} -6 \\ 3 \end{pmatrix}$

d) $\overrightarrow{KM} \oplus \overrightarrow{MN} \oplus \overrightarrow{NL} \oplus \overrightarrow{LK} =$

$$= \begin{pmatrix} 7 \\ 4 \end{pmatrix} \oplus \begin{pmatrix} -8 \\ 3 \end{pmatrix} \oplus \begin{pmatrix} 7 \\ -10 \end{pmatrix} \oplus \begin{pmatrix} -6 \\ 3 \end{pmatrix} = \begin{pmatrix} 7 + (-8) + 7 + (-6) \\ 4 + 3 + (-10) + 3 \end{pmatrix} = \begin{pmatrix} 0 \\ 0 \end{pmatrix}$$

G

**Zusammenfassung**

Die behandelten Vektorketten hatten die Eigenschaften, dass
- die Pfeilspitze eines Vektors jeweils mit dem Anfangspunkt des nächsten Vektors zusammenfällt und
- die Pfeilspitze des letzten Vektors mit dem Anfangspunkt des ersten Vektors zusammenfällt.

S. 97

Die Addition aller Vektoren einer geschlossenen Vektorkette ergibt immer den Nullvektor.

G

**S. 98** $\vec{a} \oplus \vec{b} \oplus \vec{c} \oplus \vec{d} =$

$$= \begin{pmatrix} 3 \\ 1 \end{pmatrix} \oplus \begin{pmatrix} 2 \\ 5 \end{pmatrix} \oplus \begin{pmatrix} -4 \\ 0 \end{pmatrix} \oplus \begin{pmatrix} -6 \\ -2 \end{pmatrix} = \begin{pmatrix} 3 + 2 + (-4) + (-6) \\ 1 + 5 + \quad 0 + (-2) \end{pmatrix} = \begin{pmatrix} -5 \\ 4 \end{pmatrix} = \vec{s}$$

**G 17**
**S. 98**

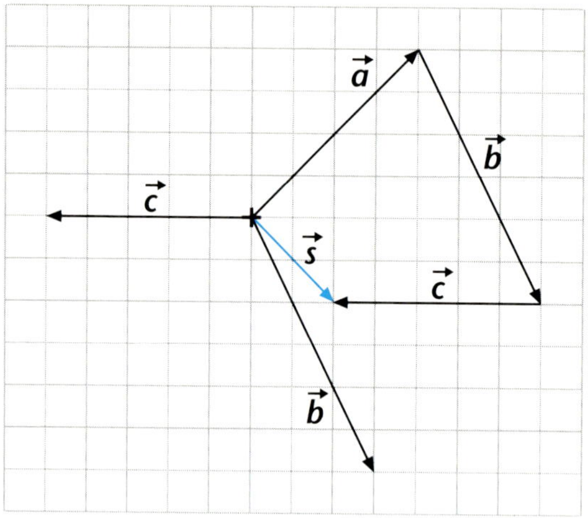


196 Figur

II/1

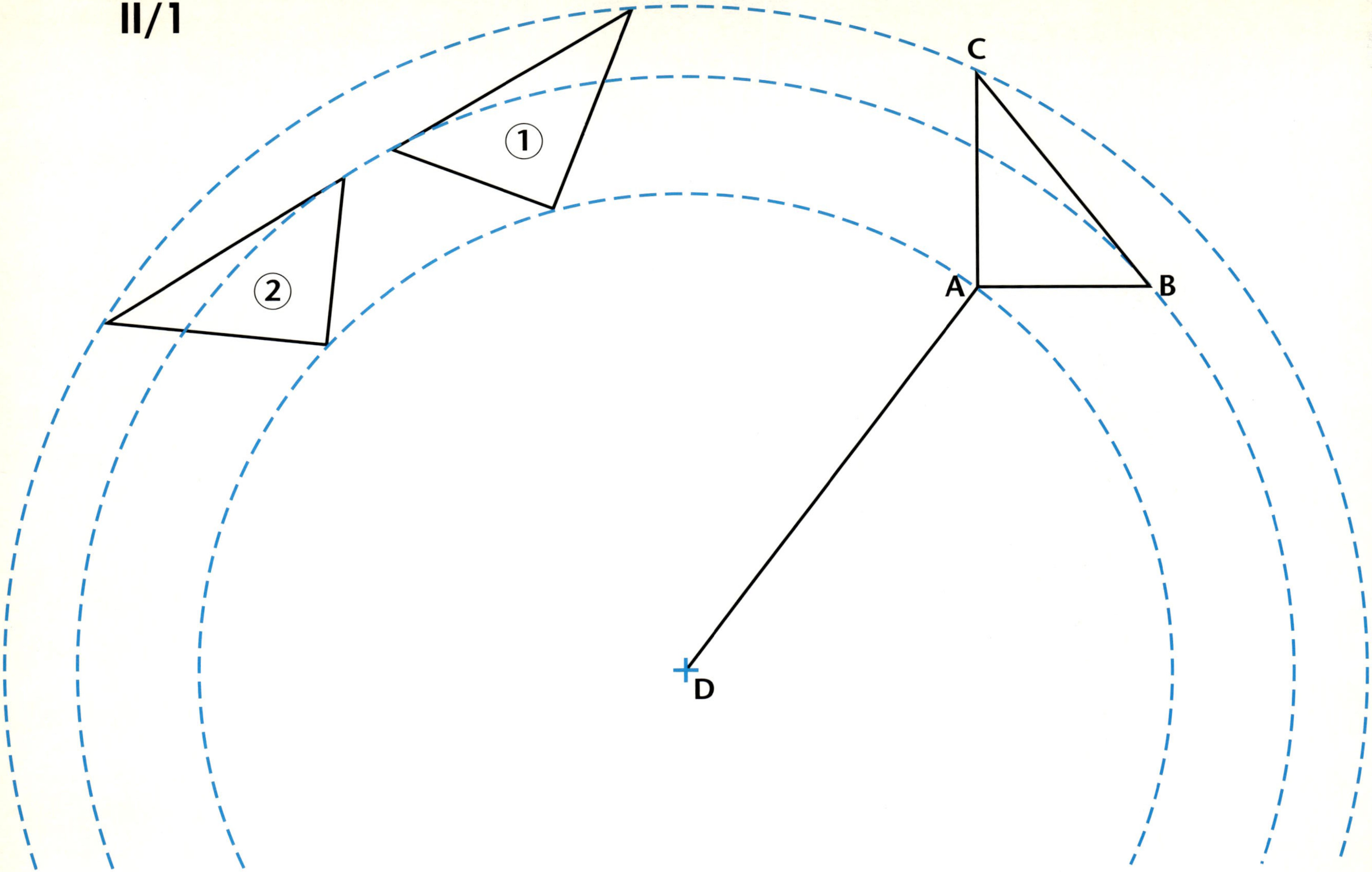